BIM 技术应用与培训系列教材

Revit Architecture 建模基础及应用

华筑建筑科学研究院　组织编写

U0285540

中国建筑工业出版社

图书在版编目（CIP）数据

Revit Architecture 建模基础及应用/华筑建筑科学研究院组织编写. —北京：中国建筑工业出版社，2016.10
BIM 技术应用与培训系列教材
ISBN 978-7-112-20064-1

Ⅰ.①R…　Ⅱ.①华…　Ⅲ.①建筑设计-计算机辅助设计-应用软件-技术培训-教材　Ⅳ.①TU201.4

中国版本图书馆 CIP 数据核字（2016）第 263891 号

本书主要包含两部分内容，第一部分是 BIM 的发展过程简介，第二部分以民用建筑为基础，向读者介绍了 Revit Architecture 的各项基本操作，主要包括创建轴网标高及参照平面、墙与幕墙、楼板和天花板、屋顶、柱和梁、门窗和洞口、楼梯扶手和坡道、体量、族、场地、房间和面积、明细表、渲染和漫游、视图控制、注释、布图与打印，内容丰富全面。本书可为从事 BIM 建模的建筑专业人员学习提供参考。

责任编辑：牛　松　冯江晓
责任校对：李欣慰　刘梦然

BIM 技术应用与培训系列教材
Revit Architecture 建模基础及应用
华筑建筑科学研究院　组织编写

*

中国建筑工业出版社出版、发行（北京海淀三里河路 9 号）
各地新华书店、建筑书店经销
北京科地亚盟排版公司制版
北京富生印刷厂印刷

*

开本：787×1092 毫米　1/16　印张：12½　字数：310 千字
2017 年 1 月第一版　2017 年 1 月第一次印刷
定价：35.00 元
ISBN 978-7-112-20064-1
（29293）

BIM 技术应用与培训系列教材
编写委员会

主　　任：赵雪锋

副 主 任：刘占省　孔令昌　周　志　闫文凯　　杨之楠　金志刚

编写成员：陈大伟　李龙飞　宋成如　王　铮　　郗雁斌　宋向东

　　　　　周笑庭　周　煜　赵天一　盖爱民　　于海志　孙诚远

　　　　　刘中明　盛明强　王宇智　宋　强　　范向前　纪晓鹏

　　　　　李增辉　方筱松　邹　斌　申屠海滨　蒋卓洵　李文焕

　　　　　赵　龙　刘　继　李　月　连文强　　段银川　张羽双

　　　　　刘　爽　郑晓磊　何永强　刁新宇　　樊宝锋　宋　超

　　　　　杨　露　王维博　刘家成　杨　辉　　于清扬　程林燕

　　　　　朱　滨　刘子义　方晓宁　王海燕

《Revit Architecture 建模基础及应用》编写委员会

主　　编：刘　继

副 主 编：赵　龙　宋　强　刁新宇

编写成员：李　月　段银川　何永强　郑晓磊　樊宝锋　宋　超

　　　　　杨　露　王维博　刘家成　杨　辉　于清扬　刘延朋

　　　　　陆明燊

总　序

　　BIM 技术作为信息化技术的一种，正在逐步改变着人类的建筑观，深刻影响着工程建设行业的生产管理模式，对工程建设行业的重新布局起着至关重要的作用。BIM 技术的应用使工程项目管理在信息共享、协同合作、可视化管理、数字交付等方面变得更加成熟高效。

　　当前，我国的建筑业正面临着转型升级，BIM 技术会在这场变革中起到关键作用，成为工程建设领域实现技术创新的突破口。在住房和城乡建设部颁布的《2016～2020 年建筑业信息化发展纲要》和《关于推进建筑信息模型应用指导意见》以及各省市行业主管部门关于推广 BIM 技术应用的指导意见中均明确指出，在工程项目规划设计、施工建造以及运维管理过程中，要把推动建筑信息化建设作为行业发展的首要目标。这标志着我国工程项目建设已全面进入信息化时代，同时也进一步说明了在信息化时代谁先掌握了 BIM 技术，谁就会最先占领工程信息化建设领域的制高点。因此，普及和掌握 BIM 技术并推动其在工程建设领域的应用是实现建筑技术转型升级，提高建筑产业信息化水平，推进智慧城市建设的基础和根本，同样也是我们现代工程建设人员保持职业可持续发展的重要关切。

　　北京华筑建筑科学研究院是国内第一批专业从事 BIM 咨询、培训、研发和企业应用探索的研究机构。研究院由建设部原总工许溶烈先生任名誉院长，集结了一批用新理论、新方法、新材料来发展和改革建筑业面貌的一批有志之士，从 2008 年就开始在香港示范应用 BIM 技术。团队由北京工业大学、清华大学、同济大学等高校的 BIM 专家学者提供最前沿的技术指导，全心致力于研究和推广 BIM 技术在工程建设行业与计算机技术的融合应用，目标是为客户提供具有价值的共赢方案。

　　华筑 BIM 系列丛书是由北京华筑建筑科学研究院特邀国内相关行业专家、BIM 技术研究专家和 BIM 操作能手等组成 BIM 技术与技能培训教材编委会，针对 BIM 技术应用组织编写的。该系列丛书主要包含三个方面：一是介绍相关 BIM 建模软件工具的使用功能和建模关键技术；二是介绍 BIM 技术在建筑全生命周期中的应用分析与业务流程；三是阐述 BIM 技术在项目管理各阶段的协同应用。

　　本套丛书是华筑 BIM 系列丛书之一，主要从 BIM 建模技术操作层面进行讲解，详细介绍了相关 BIM 建模软件工具的使用功能和在工程项目各阶段、各环节和各系统建模的关键技术。包含四个分册：《Revit Architecture 建模基础及应用》；《Revit MEP 建模基础及应用》、《Magicad 基础及应用》和《Navisworks 基础及应用》。丛书完全按实际工作流程编写，可以作为各类设计企业、施工企业以及开发企业等希望了解和快速掌握 BIM 设计基础应用用户的指导用书，也可以作为大中专院校相关专业的参考教材。

　　最后，感谢参加丛书编写的各位编委们在极其繁忙的工作中抽出时间撰写书稿所付出的大量工作，以及感谢社会各界朋友对丛书的出版给予的大力支持。书中难免有疏漏之处，恳请广大读者批评指正。

华筑 BIM 系列丛书编委会主任

赵雪锋

2016 年 8 月 1 日于北京比目鱼创业园

目　录

概　　述

1. BIM 产生的背景

建筑业存在的问题：

（1）工程建设投入资金浪费严重

BIM 的概念最初是由美国学者提出来的，美国政府发现工程建设投入的非增值（浪费）部分达到 57%，而制造业投入的非增值部分为 26%，两者相差 31%，如图 1 所示，如果美国建筑业做到和制造业同样的水平，每年可以节约 4000 亿美元，造成建筑业和制造业之间差距大的原因之一就是建筑业在 IT 上的投资不足，据统计全球范围内建筑业在 IT 上的投资不足制造业的 20%，因此美国提出以 BIM 为核心的建筑业信息化目标：到 2020 年每年节约 2000 亿美元。

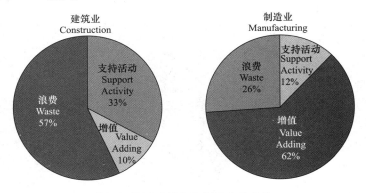

图 1　美国建筑业和制造业的对比

（2）信息的断裂丢失

在建筑全生命周期内，传统的信息管理模式中，各阶段的过渡存在信息的丢失，而基于 BIM 的信息管理模式能保证信息在各阶段之间传递时的完整性，如图 2 所示。

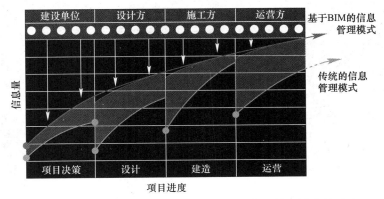

图 2　基于 BIM 的信息管理模式与传统的信息管理模式的对比

（3）图纸的技术瓶颈

目前建筑行业存在的主要问题是图纸，CAD 二维图纸有时会存在很多逻辑错误，因为 CAD 二维图纸之间的信息是分离的，各专业之间也是相互分离的；并且我们在做设计时要对建筑信息进行多次重复的录入，这部分工作多数是由人工完成的，很容易疏忽遗漏或出错（如图 3 所示）。由于信息的分离和多次录入，难免会出现如图 4 所示的问题。

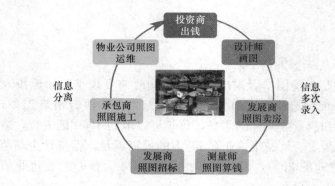

图 3　工程建设中的信息录入

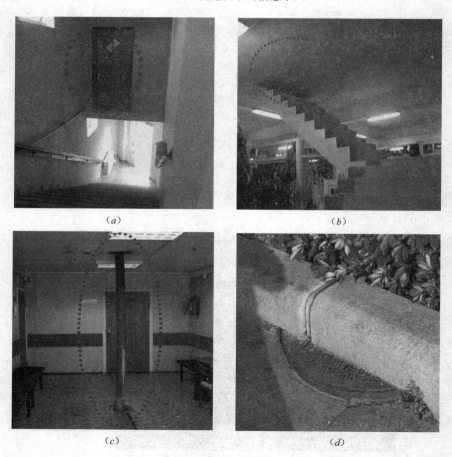

图 4　二维图纸出现的问题

（*a*）平面和立面不一致；（*b*）平面图符号遗漏；（*c*）缺乏协调而不能使用；（*d*）无法维护及更换

（4）建筑的造型引发的问题

① 美国 90 亿美元的拉斯维加斯城市地标

赌城拉斯维加斯的五星级饭店 Vdara，以圆弧形设计独树一格，但有住客反映饭店玻璃帷幕反射的阳光很强烈，有人甚至被紫外线严重灼伤。

Vdara 是全玻璃帷幕、凹面设计，因此太阳光直射旅馆时，光线就像照到放大镜一样扩散，并反射到大楼南侧的游泳池区，如图 5 所示。由于内华达州阳光猛烈，不少住客在享受日光浴时惨遭灼伤，放在同一位置的塑料袋在阳光照射下甚至融化变形，Vdara 的母公司米高梅集团表示，公司正请设计师与饭店高层研究改善方法。

② 伦敦奥运会场馆问题

当年的伦敦奥运会，由于英国著名建筑设计师扎哈·哈迪德主持设计的奥运会水上中心屋顶框架存在遮挡视线的硬伤，多达 4800 名持票观众看不到比赛，如图 6 所示。伦敦奥组委不得不采用退票的方式，为这一问题场馆买单。奥运场馆何以会犯下如此低级错误？据奥运会场馆设计公司博普乐思设计师介绍，扎哈设计团队应该是采用的 2D 观赛视线效果研究，如果采用 3D 视线研究，应该能避免这种遮挡观众席的问题发生。

图 5　Vdara 饭店阳光反射示意图

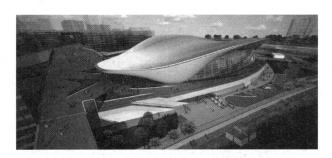

图 6　伦敦奥运会水上中心

2．BIM 简介及其应用

上述建筑业存在的问题也反映了项目管理的两大难题：海量基础数据的创建、计算、管理和共享；协同效率低、错误多。建筑师需要三维设计工具帮助思考；获取信息；设计分析；提交成果。工业造型软件只能传达视觉信息，在表达建筑材料、建筑构造和建筑性能等信息上却无能为力。建筑师需要属于自己的三维设计软件。

可以说 BIM 的产生是由于市场的需要：

第一：现在项目越来越复杂，比如北京的鸟巢，结构错综复杂，设计师要想很好地表达他的设计意图，以及很好地将设计意图传达给建设者，就需要三维软件来实现。

第二：未来产品质量的要求越来越高，如复杂的形体、低能源消耗、室内环境质量高、安全性能要求高、节约用水等，而我们目前缺乏有效的技术手段。

第三：造价和工期控制越来越严格，而频繁的错漏和设计变更会造成工期延误和费用增加。

BIM（建筑信息模型，Building Information Modeling），是以三维数字技术为基础，集成了建筑工程项目各种相关信息的工程数据模型，是对该工程项目相关信息的详尽表达，是数字技术在建筑工程中的直接应用，使设计人员和工程技术人员能够协同工作，对各种建筑信息做出正确的应对。

建筑信息模型同时又是一种应用于设计、建造、管理的数字化方法，这种方法支持建筑工程的集成管理环境，可以提前预演工程建设，提前发现问题并解决，显著提高效率和减少风险。BIM 的特点及应用如图 7 所示。

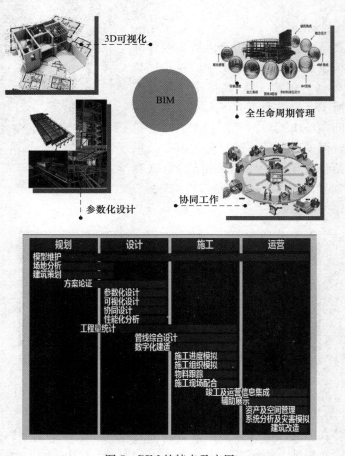

图 7　BIM 的特点及应用

如图 8 所示，BIM 的组成与 DNA 有着极其相似的地方，它们的核心都是其中的信息链。

传统的设计施工方法，在工程竣工后，业主得到两样东西：一座实际的建筑物，一套图纸。基于 BIM 的设计施工方法，在竣工后，建筑所有的信息可以储存在一个 U 盘中，假如某天发生地震或战争，建筑物被摧毁了，可以用 U 盘中的信息建造出同样的建筑物。

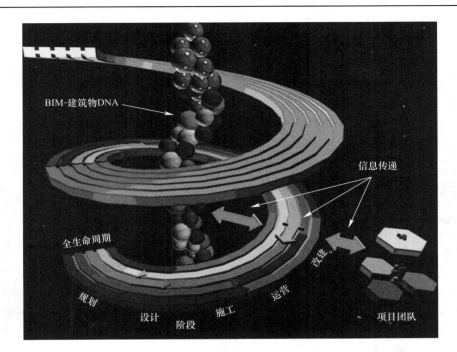

图 8　BIM-建筑物的 DNA

第1章 Revit 简介

1.1 Autodesk Revit 概述

1.1.1 Autodesk Revit 简介

Autodesk Revit 系列软件是由全球领先的数字化设计软件供应商 Autodesk 公司，针对建筑设计行业开发的三维参数化设计软件平台。目前以 Revit 技术平台为基础推出的专业版模块包括：Revit Architecture（Revit 建筑模块）、Revit Structure（Revit 结构模块）和 Revit MEP（Revit 设备模块——设备、电气、给排水）三个专业设计工具模块，以满足设计中各专业的应用需求。在 Revit 模型中，所有的图纸、二维视图和三维视图以及明细表都是同一个基本建筑模型数据库的信息表现形式。在图纸视图和明细表视图中操作时，Revit 将收集有关建筑项目的信息，并在项目的其他所有表现形式中协调该信息。Revit 参数化修改引擎可自动协调在任何位置（模型视图、图纸、明细表、剖面和平面中）进行的修改。

1.1.2 Autodesk Revit 历史

Autodesk Revit 最早是一家名为 Revit Technology 公司于 1997 年开发的三维参数化建筑设计软件。Revit 的原意为：Revise immediately，意为"所见即所得"。2002 年，美国 Autodesk 公司以 2 亿美元收购了 Revit Technology，从此 Revit 正式成为 Autodesk 三维解决方案产品线中的一部分。经过数年的开发和发展，已经成为全球知名的三维参数化 BIM 设计平台。

1.1.3 Autodesk Revit 与 BIM

BIM 是由欧特克公司提出的一种新的流程和技术，其全称为 Building Information Modeling 或者 Building Information Model，意为"建筑信息模型"。从理念上说，BIM 是试图将建筑项目的所有信息纳入到一个三维的数字化模型中。这个模型不是静态的，而是随着建筑生命周期的不断发展而逐步演进，从前期方案到详细设计、施工图设计、建造和运营维护等各个阶段的信息都可以不断集成到模型中，因此可以说 BIM 模型就是真实建筑物在电脑中的数字化记录。当设计、施工、运营等各方人员需要获取建筑信息时，例如需要图纸、材料统计、施工进度等，都可以从该模型中快速提取出来。BIM 是由三维 CAD 技术发展而来，但它的目标比 CAD 更为高远。如果说 CAD 是为了提高建筑师的绘图效率，BIM 则致力于改善建筑项目全生命周期的性能表现和信息整合。

所以说，BIM 是以三维数字技术为基础，集成了建筑工程项目各种相关信息的工程数据模型，可以为设计和施工中提供相协调的、内部保持一致的并可进行运算的信息。也就是，BIM 是通过计算机建立三维模型，并在模型中存储了设计师所需要表达的所有信息，同时这些信息全部根据模型自动生成，并与模型实时关联，如图 1-1 所示为某建筑 BIM 模型。

BIM 是一种基于智能三维模型的流程，可以更快速、更经济地创建和管理项目，并减少项目对环境的影响。面向建筑生命周期的欧特克 BIM 解决方案以 Autodesk Revit 软件产品创建的智能模型为基础，还有一套强大的补充解决方案用以扩大 BIM 的效用，其中包

图 1-1　某建筑 BIM 模型

括项目虚拟可视化和模拟软件，AutoCAD 文档和专业制图软件，以及数据管理和协作功能。

继 2002 年 2 月收购 Revit 技术公司之后，欧特克随即提出了 BIM 这一术语，旨在区别 Revit 模型和较为传统的 3D 几何图形。当时，欧特克是将"建筑信息模型（Building Information Modeling）"用作欧特克战略愿景的检验标准，旨在让客户及合作伙伴积极参与交流对话，以探讨如何利用技术来支持乃至加速建筑行业采取更具效率和效能的流程，同时也是为了将这种技术与市场上较为常见的 3D 绘图工具相区别。

由此可见，Revit 是 BIM 概念的一个基础技术支撑和理论支撑。Revit 为 BIM 这种理念的实践和部署提供了工具和方法，成为 BIM 在全球工程建设行业内迅速传播并得以推广的重要因素之一。

1.1.4　Autodesk Revit 在欧美及中国的应用概述

经过近 10 年的发展，BIM 已在全球范围内得到非常迅速的应用。在北美和欧洲，大部分建筑设计以及施工企业已经将 BIM 技术应用于广泛的工程项目建设过程中，普及率较高；而国内一部分技术水平领先的建筑设计企业，也已经在应用 BIM 进行设计技术革新方面有所突破，取得了一定的成果。如果说前两年国内的设计院还在思考"BIM 是什么"，现在的设计院关心更多的是"为什么要投资 BIM"、"如何实现 BIM"以及"BIM 会带来哪些变革"。在这个 BIM 的普及过程中 Revit 自然得以广为人知，并在欧美以及中国迅速普及，有了大量的用户群体，Revit 的使用技术和应用水平也不断加深。全球各地涌现出各种 Revit 俱乐部、Revit 用户小组、Revit 论坛以及 Revit 博客等等。

1. Autodesk Revit 在欧美的应用与普及

在北美以及欧洲，通过 MHC（麦格劳希尔公司）公司最近的几项市场统计数据可以看到，Revit 在其设计、施工以及业主领域内的发展基本进入了一个比较成熟的时期，同时具有以下特点：

（1）美国与欧洲 Revit 应用普及率较高，Revit 用户的应用经验丰富，使用年限较长；

（2）从应用领域上看，欧美已经将 Revit 应用在建筑工程的设计阶段、施工阶段甚至建成后的维护和管理阶段；

（3）美国的施工企业对 Revit 的普及速度和比率已经超过了设计企业。

2. Autodesk Revit 在中国的起步与应用

当前中国正在进行着世界上最大规模的工程建设，因此 Revit 的应用也正在被有力的推进，尤其是在民用建筑行业，促进着我国建筑工程技术的更新换代。Revit 于 2004 年进入国内市场，早先在一些技术领先的设计企业得以应用和实施，逐渐发展到一些施工企业和业主单位，同时 Revit 的应用也从传统的建筑行业扩展到了水电行业、工厂行业甚至交通行业。基本上，Revit 的应用程度实时的反映出了国内工程建设行业 BIM 的普及度和应用广度。我们总结国内的 BIM 以及 Revit 应用特点如下：

（1）在国内建筑市场，BIM 理念已经被广为接受，Revit 逐渐被应用，工程项目对 BIM 和 Revit 的需求逐渐旺盛，尤其是复杂、大型项目；

（2）基于 Revit 的工程项目生态系统还不完善，基于 Revit 的插件、工具还不够完善、充分；

（3）国内 Revit 的应用仍然以设计企业为主，部分业主和施工单位也逐步参与；

（4）国内 Revit 人员的应用经验还比较初步，使用年限较短，熟悉 Revit API 的人才匮乏；

（5）中国勘察设计协会举办的 BIM 大奖赛极大促进了以 Revit 为首的 BIM 软件的应用和推广。

1.1.5 Autodesk Revit 技术发展趋势

2011 年 5 月 16 日，住建部颁布了建筑业"十二五"发展纲要，明确提出要快速发展 BIM 技术，BIM 已成为了行业发展的方向和目标，同时展现出我国设计行业在技术方面的一些未来发展趋势，比如 BIM 标准化、云计算、三维协同、BIM 和预加工技术、基于 BIM 的多维技术以及移动技术等等。这些行业趋势也在极大影响着 Revit 的技术发展方向。下面列举其中一些技术方向。

1. Revit 专业模块三合一

在 Autodesk 收购 Revit 之初以及发布 Autodesk Revit 前几年的时间里，Revit 基本上都是以 Revit Architecture 这个建筑模块为主，缺乏结构和 MEP 部分。随着 Autodesk 的投入和进一步发展，Revit 终于按照建筑行业用户的专业被发展为三个独立的产品：Revit Architecture（Revit 建筑版）、Revit Structure（Revit 结构版）和 Revit MEP（Revit 设备版——设备、电气、给排水）。这三款产品属于同一个内核，概念和基本操作完全一样，但软件功能侧重点不同，从而适用于不同的专业。但随着 BIM 在行业推广的深入和 Revit 的普及，基于 Revit 的专业协同和数据共享的需求越来越旺盛，Revit 三款产品在三个专业的独立应用对此造成了一些影响，因此在 2012 年 Autodesk 又将这三款独立的产品整合为一个产品，名为 Autodesk Revit 2013，实际上包含建筑、结构和 MEP 三个专业模块，用户在使用 Revit 的时候可以自由安装、切换和使用不同的模块，从而减少对设计协同、数据交换的影响，帮助用户获得更广泛的工具集，并在 Revit 平台内简化工作流并与其他建筑设计规程展开更有效的协作。

2. Revit 与云计算的集成

Autodesk 在 2011 年底正式推出云服务。截至目前，Autodesk 提供的云产品和服务已经超过 25 种。其中，欧特克的云应用可以分为两类，第一类云应用是桌面的延伸。欧特克把 Web 服务和桌面应用整合在一起。在桌面上进行的设计完成之后，用户可以从云端获得基于云计算的分析和渲染等服务，整个计算过程不在本地完成，而是完全送到云端进行处理，并把计算的结果返回给用户。第二类云应用是单独应用。例如美家达人、Sketchbook，用户可以通过桌面电脑或者移动设备进行操作。Revit 与云计算的集成属于第一类云应用，比如 Revit 与结构分析计算 Structural Analysis 模块的集成、与云渲染的集成等等，同时与 Autodesk Revit 具备相同的的 BIM 引擎的 Autodesk Vasari 可以理解为一种简化版的 Revit，是一款简单易用的、专注于概念设计的应用程序，也集成了更多的基于云计算的分析工具，包括对碳和能源的综合分析、日照分析、模拟太阳辐射、轨迹、风力风向等分析。

1.2　Autodesk Revit 特性

　　Revit 具有三维可视化、仿真性的特性；一处修改、处处更新的特性；参数化的特性。

　　三维可视化、仿真性的特性体现在 Revit 软件的可见即可得，Revit 能完全真实的建立出与真实构件相一致的三维模型。

　　一处修改、处处更新的特性体现在 Revit 各个视图间的逻辑关联性，传统的 CAD 图纸各幅图纸之间是分离的没有程序上的逻辑联系，当我们需要进行修改时，要人工手动的修改每一幅图，耗费大量时间精力，容易出错；而 Revit 的工作原理是基于整个三维模型的，每一个视图都是从三维模型进行相应的剖切得到的视图，在创建和修改图元时，是直接进行的三维模型级的修改，而不是修改二维图纸，因此基于三维模型的其他二维视图也自动进行了相应的更新。

　　参数化的特性体现在 Revit 的参数化图元和参数化驱动引擎。要了解参数化特性，需要先了解 Revit 的图元架构。

　　Revit 的图元组成架构包括横向图元分类、纵向图元层级分类。

　　1. 横向图元分类

　　Revit 图元分为模型图元、基准图元、视图专有图元。如图 1-2 所示。

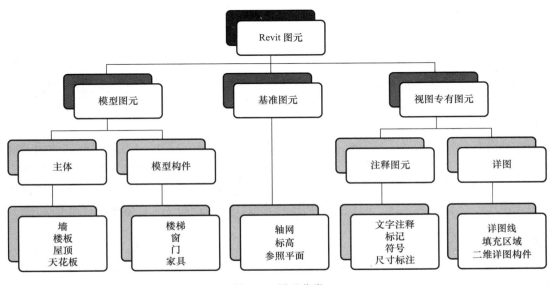

图 1-2　图元分类

模型图元：表示三维形体的图元，如梁板柱和墙。

基准图元：放置和定位模型图元的基准框架，如轴网标高和参照平面。

视图专有图元：对模型图元和基准图元进行描述注释和归档的图元，只存在于其放置的视图中。

2. Revit 纵向层级分类

如图 1-3 所示，Revit 图元按层级分类，分为四个层级：类别、族、类型、实例。类别分类是根据图元的功能属性进行分类的，族的分类是根据图元形状特性等属性进行分类的，类型的分类则是根据图元具体的一类属性参数进行分类，实例则是具体的单个图元。

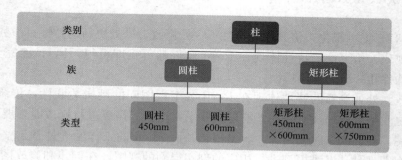

图 1-3　图元层级

1.3　Autodesk Revit 基本术语

Revit 是三维参数化建筑设计 CAD 工具，不同于大家熟悉的 AutoCAD 绘图系统。用于标识 Revit 中的对象的大多数术语或者概念都是常见的行业标准术语，但是一些术语对 Revit 来讲是唯一的，了解这些术语或者基本概念非常重要。

1.3.1　参数化

参数化设计是 Revit 的一个重要特征，它分为两个部分：参数化图元和参数化修改引擎。Revit 中的图元都是以构件的形式出现，这些构件是通过一系列参数定义的。参数保存了图元作为数字化建筑构件的所有信息。举个例子来说明 Revit 中参数化的作用：当建筑师需要指定墙与门之间的距离为 200mm 的墙垛时，可以通过参数关系来"锁定"门与墙的间隔。

参数化修改引擎则使用户对建筑设计任何部分的任何改动都可以自动修改其他相关联的部分。例如，在立面视图中修改了窗的高度，Revit 将自动修改与该窗相关联的剖面视图中窗的高度。任一视图下所发生的变更都能参数化的、双向的传播到所有视图，以保证所有图纸的一致性，无须逐一对所有视图进行修改，从而提高了工作效率和工作质量。

1.3.2　项目与项目样板

Revit 中，所有的设计信息都被存储在一个后缀名为".rvt"的 Revit"项目"文件中。在 Revit 中，项目就是单个设计信息数据库—建筑信息模型。项目文件包含了建筑的所有设计信息（从几何图形到构造数据），包括建筑的三维模型、平立剖面及节点视图、各种明细表、施工图图纸以及其他相关信息。这些信息包括用于设计模型的构件、项目视图和设计图纸。通过使用单个项目文件，Revit 用户可以轻松地修改设计，还可以使修改反映在所有关联区域（平面视图、立面视图、剖面视图、明细表等）中，仅需跟踪一个文件同样还方便了项目管理。

当在 Revit 中新建项目时，Revit 会自动以一个后缀名为 ".rte" 的文件作为项目的初始条件，这个 ".rte" 格式的文件称为 "样板文件"。Revit 的样板文件功能同 AutoCAD 的 .dwt 相同。样板文件中定义了新建的项目中默认的初始参数，例如：项目默认的度量单位、默认的楼层数量的设置、层高信息、线型设置、显示设置等等。Revit 允许用户自定义自己的样板文件的内容，并保存为新的 ".rte" 文件。

1.3.3   标高

标高是无限水平平面，用作屋顶、楼板和天花板等以层为主体的图元的参照。标高大多用于定义建筑内的垂直高度或楼层。您可为每个已知楼层或建筑的其他必需参照（如第二层、墙顶或基础底端）创建标高。要放置标高，必须处于剖面或立面视图中。如图 1-4 显示了贯穿三维视图切割的 "标高 2" 工作平面及其旁边相应的楼层平面。

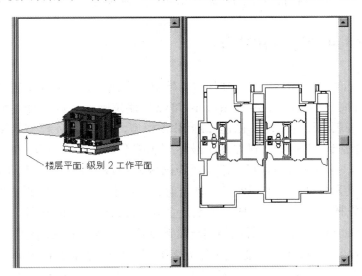

图 1-4   标高示意图

1.3.4   图元

在创建项目时，可以向设计中添加参数化建筑图元。Revit 按照类别、族和类型对图元进行分类。

1.3.5   族

Revit 中进行设计时，基本的图形单元被称为图元，例如在项目中建立的墙、门、窗、文字、尺寸标注等都被称为图元。所有这些图元都是使用 "族"（Family）来创建的。可以说族是 Revit 的设计基础。"族"中包括许多可以自由调节的参数，这些参数记录着图元在项目中的尺寸、材质、安装位置等信息。修改这些参数可以改变图元的尺寸、位置等。

Revit 使用以下类型的族：

可载入的族：可以载入到项目中，并根据族样板创建。可以确定族的属性设置和族的图形化表示方法。

系统族：不能作为单个文件载入或创建。Revit 预定义了系统族的属性设置及图形表示。

可以在项目内使用预定义类型生成属于此族的新类型。例如，标高的行为在系统中已经预定义。但用户可以使用不同的组合来创建其他类型的标高。系统族可以在项目之间传递。

内建族：用于定义在项目的上下文中创建的自定义图元。如果您的项目需要不希望重用的独特几何图形，或者您的项目需要的几何图形必须与其他项目几何图形保持众多关系之一，请创建内建图元。由于内建图元在项目中的使用受到限制，因此每个内建族都只包含一种类型。您可以在项目中创建多个内建族，并且可以将同一内建图元的多个副本放置在项目中。与系统和标准构件族不同，您不能通过复制内建族类型来创建多种类型。

1.4　Revit 建筑专业解决方案

Revit Architecture 是 Revit 系列软件中，针对广大建筑设计师和工程师开发的三维参数化建筑设计软件。利用 Revit Architecture 可以让建筑师在三维设计模式下，方便的推敲设计方案、快速表达设计意图、创建三维 BIM 模型，并以 BIM 模型为基础，自动生成所需的建筑施工图档，完成概念到方案，最终完成整个建筑设计过程。由于 Revit Architecture 功能强大，且易学易用，目前已经成为国内使用最多的三维参数化建筑设计软件。目前，在国内已成为数百家大中型建筑设计企业、工业设计企业首选的三维设计工具，并在数百个项目中发挥了重要作用，成为各设计企业提高设计效率的利器。

Revit Architecture 适用于各行业的建筑设计专业。例如，在民用建筑设计中，可以利用 Revit Architecture 完成建筑专业从方案至施工图阶段的全部设计内容。除民用建筑行业外，Revit Architecture 系列软件已经深入应用在石油石化、水利电力、冶金等多个行业，完成各行业内的土建专业各阶段设计内容。如图 1-5 所示为使用 Revit Architecture 设计的工业厂房 BIM 模型的内部视图。

在水利水电行业，利用 Revit Architecture 强大的参数化建模功能，可以方便地建立厂房专业所需的三维厂房模型，并生成所需要的专业图纸。如图 1-6 所示，为发电厂房模型局部三维视图。

Revit 强大的参数化建模能力、精确统计及 Revit 平台上 Structure、MEP 间的优秀协同设计、碰撞检查功能，在民用及工厂设计领域中，已经被越来越多的民用设计企业、专业设计院、EPC 企业采用。本书将主要以民用建筑为基础，学习 Revit Architecture 的各项基本操作，并掌握在 Revit Architecture 中完成民用建筑设计的过程。

 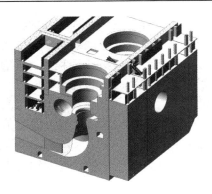

图 1-5　某工业厂房 BIM 模型内部视图　　　图 1-6　发电厂房模型局部三维视图

1.5　Revit 结构专业解决方案

Revit Structure 是面向结构工程师的建筑信息模型应用程序，如图 1-7 所示。它可以帮助结构工程师创建更加协调、可靠的模型，增强各团队间的协作，并可与流行的结构分析软件（如 Robot Structural Analysis Professional、Etabs、Midas 等）双向关联。强大的参数化管理技术有助于协调模型和文档中的修改和更新。它具备 Revit 系列软件的自动生成平、立、剖面图档、自动统计构件明细表、各图档间动态关联等所有特性。除此之外还具有为结构设计师专用的特性：

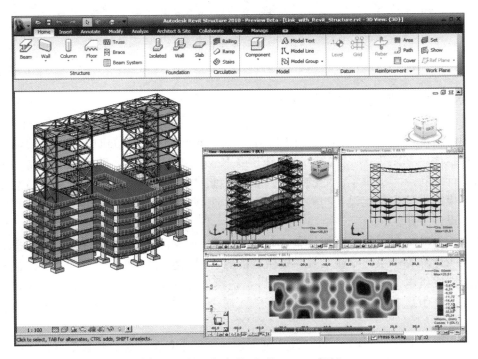

图 1-7　Autodesk Revit Structure 2010

除 BIM 模型外，Revit Strcuture 还为结构工程师提供了分析模型及结构受力分析工

13

具，允许结构工程师灵活处理各结构构件受力关系、受力类型等。Revit Structure 结构分析模型中包含有荷载、荷载组合、构件大小，以及约束条件等信息，以便在其他行业领先的第三方的结构计算分析应用程序当中使用。Autodesk 公司已与世界领先的建筑结构计算和分析软件厂商达成战略合作，Revit Structure 中的结构模型，可以直接导入到其他结构计算软件中，并且可以读取计算程序的计算结果，修正 Revit Structure 模型。

Revit Structure 为结构工程师提供了非常方便的钢筋绘制工具，如图 1-8 所示。可以绘制平面钢筋、截面钢筋以及处理各种钢筋折弯、统计等信息。在 2010 版本中，提供了快速生成梁、柱、板等结构构件的钢筋生成向导，高效建立构件的钢筋信息模型。

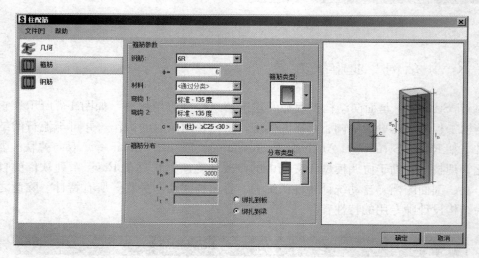

图 1-8 钢筋绘制工具

1.6 Revit 机电专业解决方案

Revit MEP（MEP：Mechanical Electrical Plumbing）是面向机电工程师的建筑信息模型应用程序，如图 1-9 所示。Revit MEP 以 Revit 为基础平台，针对机电设备、电工和给排水设计的特点，提供了专业的设备及管道三维建模及二维制图工具。它通过数据驱动的系统建模和设计来优化设备与管道专业工程，能够让机电工程师以机电设计过程的思维方式展开设计工作。

Revit MEP 提供了暖通通风设备和管道系统建模、给排水设备和管道系统建模、电力电路及照明计算等一系列专业工具并提供智能的管道系统分析和计算工具，可以让机电工程师快速完成机电 BIM 三维模型，并可将系统模型导入 Ecotect Analysis、IES 等能耗分析和计算工具中进行模拟和分析。如图 1-10 所示，为使用 Revit MEP 建立的供水系统模型。

在工厂设计领域，利用 Revit MEP 可以建立工厂中各类设备、连接管线的 BIM 模型，如图 1-11 所示。利用 Revit 的协调与冲突检测功能，可以在设计阶段协调各专业间可能存在的冲突与干涉。

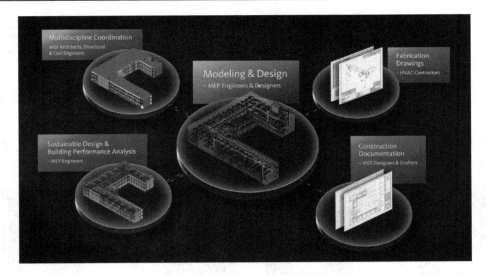

图 1-9　Revit MEP

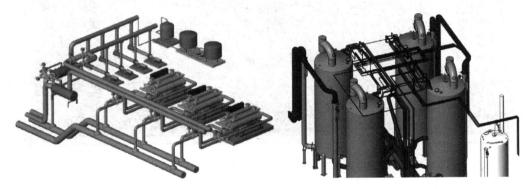

图 1-10　某供水系统模型　　　　　　图 1-11　某设备、连接管线 BIM 模型

第 2 章 用 户 界 面

打开软件之后我们看到的界面是"最近使用的文件"界面，如图 2-1 所示。这里我们可以打开新建项目和族。

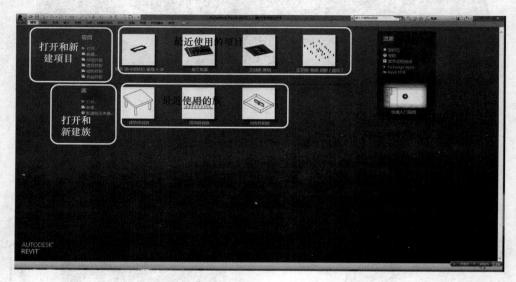

图 2-1 初始界面

2.1 项目样板设置

（1）样板文件与项目文件

样板文件的后缀名为".rte"，它是新建 Autodesk Revit 项目中的初始条件，定义了项目中初始参数，如度量单位、标高样式、尺寸标注样式、线型线宽样式等。可以自定义自己的样板文件内容，并保存为新的".rte"文件。

项目文件的后缀名为".rvt"，包括了设计中的全部信息，如建筑的三维模型、平立剖面及节点视图、各种明细表、施工图图纸，以及其他相关信息，Autodesk Revit 会自动关联项目中所有的设计信息（如平面图上尺寸的改变会即时的反映在立面图、三维视图等其他视图和信息上）。

（2）打开样板文件

第一步：运行 Revit2015

单击 Windows 开始菜单-所有程序-Autodesk-Revit 2015-Revit 2015 命令，或双击桌面上生成的"Revit 2015"快捷图标，打开 Revit 2015 程序。

第二步：创建基于样板文件的 Revit 文件

16

打开 Revit2015 后，可以通过界面左上方"项目"中的"打开"、"新建"、"建筑样板"三种方式，打开建筑样板文件，如图 2-2 所示。

第一种方法：点击"项目"中的"打开"命令。

点击"打开"后，自动跳到储存样板文件的文件夹中，双击"De-faultCHSCHS"，可打开软件自带的建筑样板文件。

说明：①一般来说，软件自带的建筑样板文件"DefaultCHSCHS"储存于"C：/ProgramData/Autodesk/RVT2015/Templates/China"文件夹。②通过这种方式打开的样板文件，不能另存为项目文件。

点击"项目"中的"打开"命令，也可以打开样板文件、族文件等其他文件。

图 2-2 界面左上方工具

第二种方法：点击"项目"中的"新建"。

从弹出的"新建项目"对话框中，点击"样板文件"下拉菜单，选择"建筑样板"（图 2-3），点击"确定"，可直接打开软件自带的建筑样板文件"DefaultCHSCHS"。

若有自定义的样板文件，点击"浏览"，找到自定义的样板文件，点击"确定"打开文件（图 2-4）。

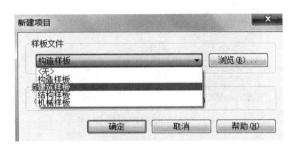

图 2-3 "新建项目"对话框

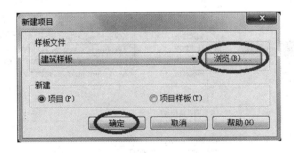

图 2-4 打开自定义的样板

第三种方法：直接点击"项目"中的"建筑样板"。

这种方法可以直接打开软件自带的建筑样板文件"DefaultCHSCHS"。

说明：在全国 BIM 技能等级考试前，中国图学学会会向各培训点提供统一的样板文件，可采用第二种方法点击"浏览"，打开给定的样板文件。

（3）项目样板文件的储存位置

打开 Revit 后，点击界面左上方的应用程序按钮，点击"选项"，见图 2-5。在弹出的

"选项"对话框中点击"文件位置"，会出现建筑样板、构造样板等的默认储存位置，见图 2-6，可以进行修改。

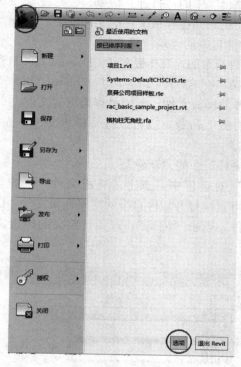

图 2-5　应用程序按钮

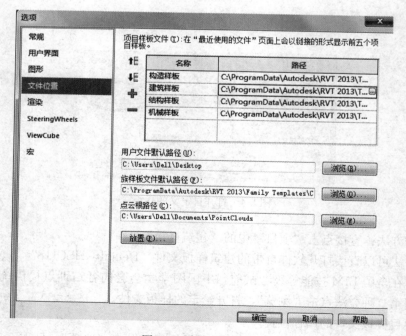

图 2-6　默认文件位置

2.2　项目工作界面

打开样板文件或项目文件后，进入到 Revit2015 的工作界面，见图 2-7。

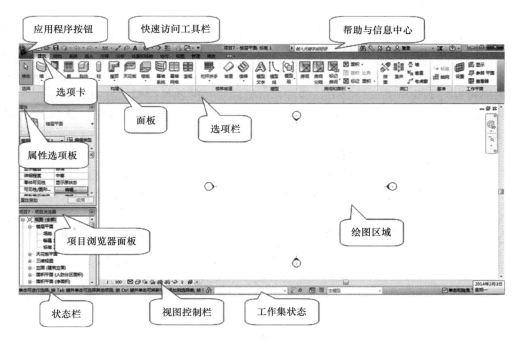

图 2-7　Revit2015 工作界面

2.2.1　应用程序按钮

有"新建"、"保存"、"另存为"、"打印"等选项。点击"另存为"，可将自定义的样板文件另存为新的样板文件（".rte"格式）或新的项目文件（".rvt"格式）。

说明：设计的一般过程是先按照图 2-4 的方式打开已有的样板文件，在绘图的过程中或绘图完毕，保存为".rvt"项目文件。

应用程序菜单"选项"设置：

常规选项：设置保存自动提醒时间间隔，设置用户名，设置日志文件数量。

用户界面选项：配置工具和分析选项卡，快捷键设置。

图形选项：设置背景颜色，设置临时尺寸标注的外观。

文件位置选项：设置项目样板文件路径，族样板文件路径，设置族库路径。

2.2.2　快速访问工具栏

快速访问工具栏包含一组默认工具。用户可以对该工具栏进行自定义，使其显示最常用的工具。

快速访问工具栏的使用：

（1）移动快速访问工具栏："在功能区下方显示"和"在功能区上方显示"。

（2）将工具添加到快速访问工具栏中：鼠标右键添加到快速访问工具栏。

（3）自定义快速访问工具栏：单击"快速访问工具栏"的下拉按钮，将弹出工具列表，可自定义"快速访问工具栏"。

2.2.3 帮助与信息中心

主页面右上角为"帮助与信息中心"，见图 2-8。

1）搜索：在前面的框中输入关键字，单击"搜索"即可得到需要的信息。

2）Subscription Center：用户单击即可链接到 Autodesk 公司 Subscription Center 网站，用户可自行下载相关软件的工具插件、可管理自己的软件授权信息等。

3）通讯中心：单击可显示有关产品更新和通告的信息的链接，可能包括至 RSS 提要的链接。

4）收藏夹：单击可显示保存的主题或网站链接。

5）登陆：单击登录到 Autodesk 360 网站以访问与桌面软件集成的服务。

6）Exchange Apps：单击登录到 Autodesk Exchange Apps 网站，选择一个 Autodesk Exchange 商店，可访问已获得 Autodesk®批准的扩展程序。

7）帮助：单击可打开帮助文件。单击后面的下拉菜单，可找到更多的帮助资源。

图 2-8 帮助与信息中心

2.2.4 功能区选项卡及面板

创建或打开文件时，功能区会显示。它提供创建项目或族所需的全部工具。

有"建筑"、"结构"、"系统"、"插入"、"注释"、"分析"、"体量和场地"、"协作"、"视图"、"管理"、"修改"选项卡。

在进行选择图元或使用工具操作时，会出现与该操作相关的"上下文选项卡"，"上下文选项卡"的名称与该操作相关，如选择一个墙图元时，"上下文选项卡"的名称为"修改｜墙"，见图 2-9。

图 2-9 上下文选项卡

上下文功能区选项卡显示与该工具或图元的上下文相关的工具，在许多情况下，"上下文选项卡"与"修改"选项卡合并在一起。退出该工具或清除选择时，上下文功能区选项卡会关闭。

每个选项卡中都包括多个"面板"，每个面板内有各种工具，面板下方显示该"面板"

的名称。图 2-10 是"建筑"选项卡下的"构建"面板，内有"墙"、"门"、"窗"等工具。

图 2-10 "建筑"选项卡下的"构建"面板

单击"面板"上的工具，可以启用该工具。在某个工具上单击鼠标右键，可将某些工具添加到"快速访问工具栏"，以便于快速访问。

功能区的使用：

（1）自定义功能区

按住 ctrl 和鼠标左键可以在功能区上移动选项卡；按住鼠标左键可以在功能区选项卡上移动面板；可以用鼠标将面板移出功能区，将多个浮动面板固定在一起，将多个固定面板作为一个组来移动，还能使浮动面板返回到功能区。

（2）修改功能区的显示，如图 2-11 所示。

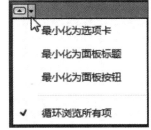

图 2-11 功能区显示调节

2.2.5 选项栏

"选项栏"位于"面板"的下方，"属性选项板"和"绘图区域"的上方。其内容根据当前命令或选定图元的变化而变化，从中可以选择子命令或设置相关参数。

如点击"建筑"选项卡下"构建"面板中的"墙"工具时，出现的选项栏见图 2-12。

图 2-12 选项栏

2.2.6 属性选项板

通过属性选项板，可以查看和修改用来定义 Revit 中图元属性的参数。启动 Revit 时，"属性"选项板处于打开状态并固定在绘图区域左侧项目浏览器的上方。"属性面板"包括"类型选择器"、"属性过滤器"、"编辑类型"、"实例属性"四个部分，见图 2-13～图 2-16。

① 类型选择器：若在绘图区域中选择了一个图元，或有一个用来放置图元的工具处于活动状态，则"属性"选项板的顶部将显示"类型选择器"。"类型选择器"标识当前选择的族类型，并提供一个可从中选择其他类型的下拉列表，见图 2-14。

② 属性过滤器："类型选择器"的正下方是一个过滤器，该过滤器用来标识将由工具放置的图元类别，或者标识绘图区域中所选图元的类别和数量，见图 2-15。如果选择了多个类别或类型，则选项板上仅显示所有类别或类型所共有的实例属性。当选择了多个类别时，使用过滤器的下拉列表可以仅查看特定类别或视图本身的属性。选择特定类别不会影响整个选择集。

③ 编辑类型：单击"编辑类型"按钮将会弹出"类型属性"修改对话框，对"类型属性"进行修改将会影响该类型的所有图元。

④ 实例属性：修改"实例属性"（图 2-16）仅修改被选择的图元，不修改该类型的其他图元。

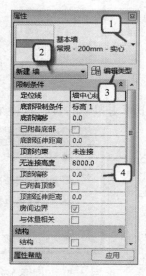

图 2-13 属性面板   图 2-14 类型选择器   图 2-15 属性过滤器

说明：有两种方式可关闭"属性面板"，点击"修改"选项卡下"属性"面板中的"属性"工具，见图 2-17，或点击"视图"选项卡下"窗口"面板中的"用户界面"下拉菜单，将"属性"前的"√"去掉，见图 2-18。同样，用这两种方式也可以打开"属性面板"。

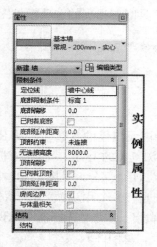

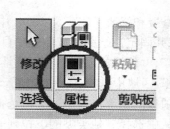

图 2-16 实例属性   图 2-17 属性工具   图 2-18 用户界面

2.2.7 项目浏览器面板

Revit 2015 把所有的楼层平面、天花板平面、三维视图、立面、剖面、图例、明细表、图纸，以及明细表、族等全部分门别类放在"项目浏览器"中统一管理，如图 2-19。双击视图名称即可打开视图，选择视图名称单击鼠标右键即可找到复制、重命名、删除等常用命令。

举例：在打开程序自带的样板文件（图 2-3）后，在项目浏览器中展开“视图（全部）”-“立面（建筑立面）”项，双击视图名称“南”，进入南立面视图。可在绘图区域内看到有标高 1、标高 2 两个标高，如图 2-20。

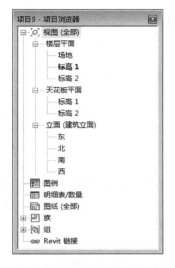

图 2-19 项目浏览器

图 2-20 南立面视图

2.2.8 视图控制栏

位于绘图区域下方，单击“视图控制栏”中的按钮，即可设置视图的比例、详细程度、模型图形样式、设置阴影、渲染对话框、裁剪区域、隐藏/隔离等。

2.2.9 状态栏

状态栏位于 Revit 2015 工作界面的左下方。使用某一命令时，状态栏会提供有关要执行的操作的提示。鼠标停在某个图元或构件时，会使之高亮显示，同时状态栏会显示该图元或构件的族及类型名称。

2.2.10 绘图区域

绘图区域是 Revit 软件进行建模操作的区域，绘图区域背景的默认颜色是白色，可通过“选项”设置颜色，“F5”刷新屏幕。

可以通过视图选项卡的窗口面板管理绘图区域窗口，如图 2-21 所示。

切换窗口：快捷键 ctrl＋tab，可以在打开的所有窗口之间进行快速切换。

平铺：将所有打开的窗口全部显示在绘图区域中。

层叠：层叠显示所有打开的窗口。

复制：复制一个已打开的窗口。

关闭隐藏对象：关闭除去当前显示的窗口外的所有窗口。

图 2-21 窗口面板

第 3 章　Revit 基本操作

3.1　项目基本设置

3.1.1　项目信息

点击"管理"选项栏下"设置"面板中的"项目信息"工具，输入日期、项目地址、项目名称等相关信息，点击"确定"，如图 3-1。

3.1.2　项目单位

点击"设置面板"中的"项目单位"，设置"长度"、"面积"、"角度"等单位。默认值长度的单位是"mm"，面积的单位是"m^2"，角度的单位是"°"。

3.1.3　捕捉

点击"设置面板"中的"捕捉"，可修改捕捉选项，如图 3-2。

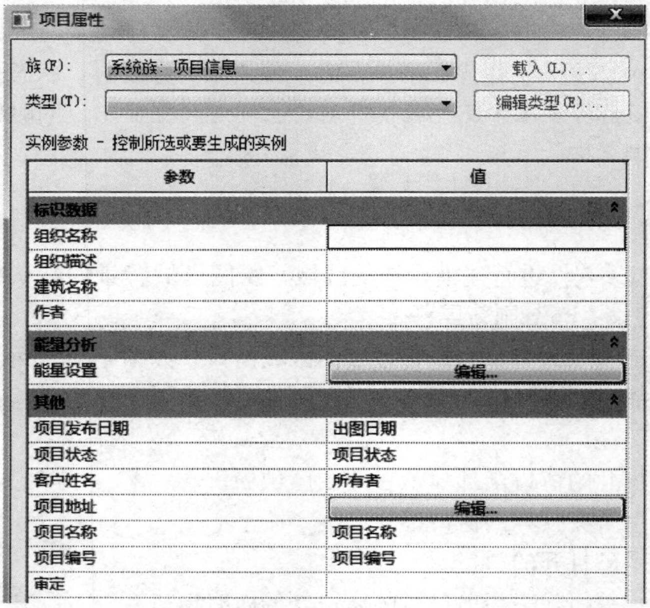

图 3-1　项目属性

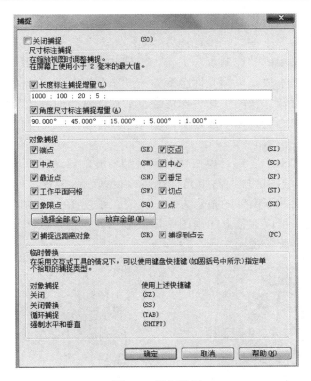

图 3-2　捕捉设置

3.2　图形浏览与控制基本操作

3.2.1　视口导航

（1）在平面视图下进行视口导航

展开"项目浏览器"中的"楼层平面"或"立面"，在某一平面或立面上双击，打开平面或立面视图。单击"绘图区域"右上角导航栏中的"控制盘"工具，见图 3-3，即出现二维控制盘，见图 3-4。可以点击"平移"、"缩放"、"回放"按钮，对图像移动或缩放。

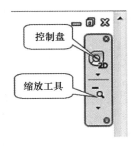

图 3-3　控制盘工具

图 3-4　控制盘

说明：亦可利用鼠标进行缩放和平移。向前滚动滚轮为"扩大显示"，向后滚动滚轮为"缩小显示"，按住滚轮不放移动鼠标可对图形进行平移。

（2）在三维视图下进行视口导航

展开"项目浏览器"中的"三维视图"，双击"3D"命令，打开三维视图。单击"绘图区域"右上方导航栏中的"控制盘"工具，出现"全导航控制盘"，见图 3-5。鼠标左键按住"动态观察"选项不放，鼠标光标会变为"动态观察"状态，左右移动鼠标，将对三维视图中的模型进行旋转。视图中绿色球体●表示动态观察时视图旋转的中心位置，鼠标左键按住控制盘的"中心"选项不放，可拖动绿色球体●至模型上的任意位置，松开鼠标左键，可重新设置中心位置。

说明：按住键盘"Shift"键，再按住鼠标右键不放，移动鼠标也可进行动态观察。

在三维视图下，"绘图区域"右上角会出现 ViewCube 工具，见图 3-6。ViewCube 立方体中各顶点、边、面和指南针的指示方向，代表三维视图中不同的视点方向，单击立方体或指南针的各部位，可以在各方向视图中切换显示，按住 ViewCube 或指南针上的任意位置并拖动鼠标，可以旋转视图。

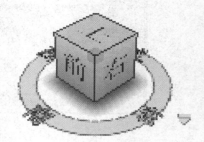

图 3-5 全导航控制栏 　　　　　　　　图 3-6 ViewCube 工具

3.2.2 使用视图控制栏

通过"视图控制栏"对图元可见性进行控制，视图控制栏位于绘图区域底部，状态栏的上方，见图 3-7。内有"比例"、"详细程度"、"视觉样式"、"日光路径"、"阴影"、"显示渲染对话框"、"裁剪视图"、"显示裁剪区域"、"解锁的三维视图"、"临时隐藏/隔离"、"显示隐藏的图元"、"分析模型的可见性"等工具。

"视觉样式"、"日光路径"、"阴影"、"临时隐藏/隔离"、"显示隐藏的图元"是常用的视图显示工具。

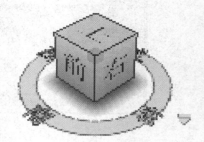

1 : 100

图 3-7 视图控制栏

（1）视觉样式：

点击"视觉样式"，内有"线框"、"隐藏线"、"着色"、"一致的颜色"、"真实"、"光线追踪"样式和"图形显示选项"。

"线框"样式可显示绘制了所有边和线而未绘制表面的模型图像，见图 3-8。

"隐藏线"样式可显示绘制了除被表面遮挡部分以外的所有边和线的图像，见图 3-9。

"着色"样式显示处于着色模式下的图像，而且具有显示间接光及其阴影的选项，见图 3-10。从"图形显示选项"对话框中选择"显示环境光阴影"，以模拟环境（漫射）光

26

的阻挡。默认光源为着色图元提供照明。着色时可以显示的颜色数取决于在 Windows 中配置的显示颜色数。该设置只会影响当前视图。

"一致的颜色"样式显示所有表面都按照表面材质颜色设置进行着色的图像，见图 3-11。该样式会保持一致的着色颜色，使材质始终以相同的颜色显示，而无论以何种方式将其定向到光源。

"真实"视觉样式，从"选项"对话框启用"硬件加速"后，"真实"样式将在可编辑的视图中显示材质外观。旋转模型时，表面会显示在各种照明条件下呈现的外观，见图 3-12。从"图形显示选项"对话框中选择"环境光阻挡"，以模拟环境（漫射）光的阻挡。注意"真实"视图中不会显示人造灯光。

"光线追踪"视觉样式是一种照片级真实感渲染模式，该模式允许平移和缩放模型，如图 3-13 所示。在使用该视觉样式时，模型的渲染在开始时分辨率较低，但会迅速增加保真度，从而看起来更具有照片级真实感。在使用"光线追踪"模式期间或在进入该模式之前，可以选择从"图形显示选项"对话框设置照明、摄影曝光和背景。可以使用 ViewCube、导航控制盘和其他相机操作，对模型执行交互式漫游。

图 3-8　线框样式

图 3-9　隐藏线样式

图 3-10　着色样式

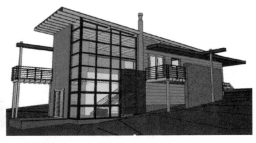

图 3-11　一致的颜色样式

图 3-12　真实视觉样式

图 3-13　光线追踪视觉样式

（2）日光路径、阴影：在所有三维视图中，除了使用"线框"或"一致的颜色"视觉样式的视图外，都可以使用"日光路径"和"阴影"。而在二维视图中，"日光路径"可以在楼层平面、天花板投影平面、立面和剖面中使用。在研究日光和阴影对建筑和场地的影响时，为了获得最佳的效果，应打开三维视图中的"日光路径"和"阴影显示"。

（3）临时隐藏/隔离："隔离"工具可对图元进行隔离（即在视图中保持可见）并使其他图元不可见，"隐藏"工具可对图元进行隐藏。

选择图元，点击"临时隐藏/隔离"，有"隔离类别"、"隐藏类别"、"隔离图元"、"隐藏图元"四个选项。"隔离类别"：对所选图元有相同类别的所有图元进行隔离，其他图元不可见。"隔离图元"：仅对所选择的图元进行隔离。"隐藏类别"：对所选图元有相同类别的所有图元进行隐藏。"隐藏图元"：仅对所选择的图元进行隐藏。

（4）显示隐藏的图元：①单击视图控制栏中的灯泡图标（"显示隐藏的图元"），绘图区域周围会出现一圈紫红色加粗显示的边线，同时隐藏的图元以紫红色显示。②单击选择隐藏的图元，点击右键取消在视图中隐藏，见图 3-14。③再次点击视图控制栏中的灯泡图标，恢复视图的正常显示。

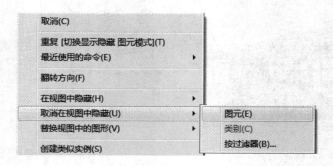

图 3-14　点击右键取消在视图中隐藏

3.2.3　视图与视口控制

图形显示控制，使用"可见性/图形"，如图 3-15 所示。

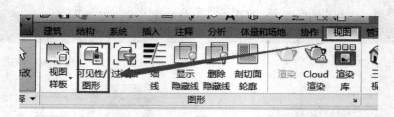

图 3-15　视图对话框

打开"可见性/图形"，快捷键"VV"，可以控制不同类别的图元在绘图区域中的显示可见性，包括模型类别、注释类别、分析类别等图元。勾选相应的类别即可在绘图区域中可见，不勾选即为隐藏类别，见图 3-16。

在 Revit Architecture 中，所有的平面、立剖面、详图、三维、明细表、渲染等视图都在项目浏览器中集中管理，设计过程中经常要在这些视图间切换，或者同时打开与显示几个视口，以便于编辑操作或观察设计细节。下面是一些常用的视图开关、切换、平铺等视图和视口控制方法。

图 3-16　视图控制

（1）打开视图：在项目浏览器中双击"楼层平面"、"三维视图"、"立面"等节点下的视图名称，或选择视图名称从右键菜单中选择"打开"命令即可打开该视图，同时视图名称黑色加粗显示为当前视图。新打开的视图会在绘图区域最前面显示，原先已经打开的视图也没有关闭只是隐藏在后面。

（2）打开默认三维视图：单击快速访问工具栏"默认三维视图"工具，可以快速打开默认三维正交视图。

（3）切换窗口：当打开多个视图后，从"视图"选项卡下的"窗口"面板中，单击"切换窗口"命令，从下拉列表中即可选择已经打开的视图名称快速切换到该视图，名称前面打"√"的为当前视图，见图 3-17。

（4）关闭隐藏对象：当打开很多视图，尽管当前显示的只有一个视图，但有可能会影响计算机的操作性能，因

图 3-17　切换窗口

此建议关闭隐藏的视图。单击"窗口"面板的"关闭隐藏对象"命令即可自动关系所有隐藏的视图，而无须手工逐一关闭。

（5）"平铺"视口：需要同时显示已打开的多个视图时，可单击"窗口"面板的"平铺"命令，即可自动在绘图区域同时显示打开的多个视图。每个视口的大小可以用鼠标直接拖拽视口边界调整。

（6）"层叠"视口：单击"窗口"面板的"层叠"命令，也可以同时显示几个视图。但"层叠"是将几个视图从绘图区域的左上角向右下角方向重叠错行排列，下面的视口只能显示视口顶部的带视图名称的标题栏，单击标题拦可切换到相应的视图。

3.3 图元编辑基本操作

3.3.1 图元的选择

Revit 图元的选择方法有四种：

（1）单选和多选

单选：鼠标左键单击图元即可选中一个目标图元。

多选：按住 Ctrl 点击图元增加到选择，按 Shift 点击图元从选择中删除。

（2）框选和触选

框选：按住鼠标左键在视图区域从左往右拉框进行选择，在选择框范围之内的图元即为选择目标图元，见图 3-18。

触选：按住鼠标左键在视图区域从右往左拉框进行选择，在选择框接触到的图元即为选择目标图元，见图 3-19。

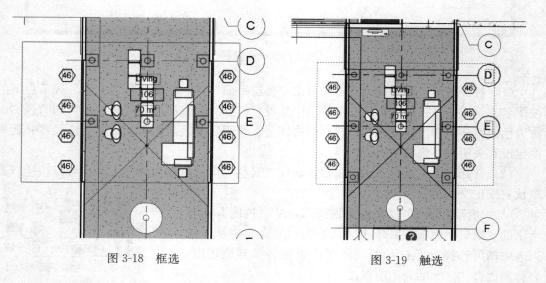

图 3-18 框选　　　　　　　　　　　图 3-19 触选

（3）按类型选择

单选一个图元之后，单击鼠标右键弹出右键菜单栏，选择全部实例，即可在当前视图或整个项目中选中这一类型的图元，见图 3-20。

（4）滤选

当我们在使用框选或触选之后，选中多种类别的图元，想要单独选中其中某一类别的图元，在"上下文选项卡"中单击"过滤器"，或在屏幕右下角状态栏单击"过滤器"，见图 3-21，即可弹出"过滤器"对话框，见图 3-22，进行滤选。

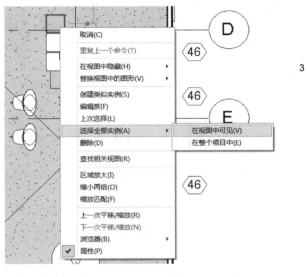

图 3-20　类选

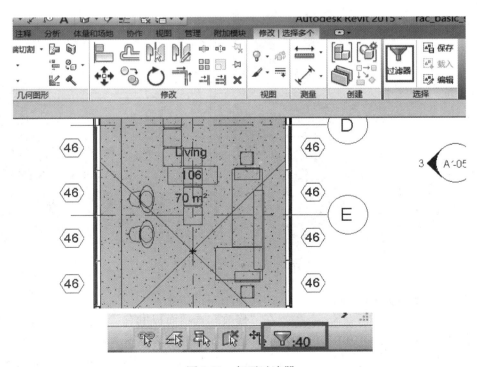

图 3-21　打开过滤器

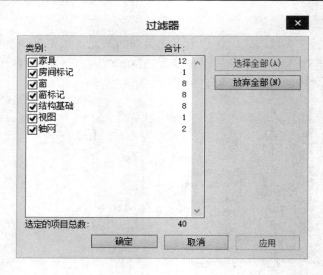

图 3-22　过滤器

3.3.2　图元的编辑

Revit 图元的编辑常用到临时尺寸标注和基本编辑命令。

（1）临时尺寸标注

单选图元后会出现一个蓝色高亮显示的标注，即为临时尺寸标注，见图 3-23。点击数字即可修改图元的位置，拖拽标注两端的基准点即可修改标注位置。

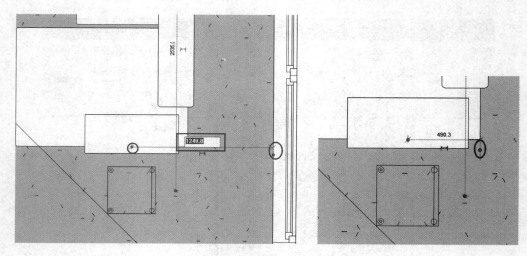

图 3-23　临时尺寸标注

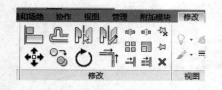

图 3-24　常用编辑命令

（2）常用编辑命令

在"修改"选项面板里有"对齐""镜像""移动""复制""旋转""修剪"，见图 3-24。

"对齐"和"修剪"编辑命令，先执行命令然后再选择图元进行编辑。

其他编辑命令，均需要先选中图元再执行命令。

3.4　建模技能基本概念

1. 草图模式：通过绘制图元的轮廓边界（也称为创建草图）可以创建某些建筑图元，如楼板、屋顶和天花板，这种通过编辑草图创建图元形状的绘图模式就叫做草图模式。

2. 闭合环草图：通常在绘制图元轮廓边界的时候必须将边界绘制成一个闭合环，不能有任何间隙或重叠的线，否则无法创建出我们需要的图元。

3. 绘制面板：在进入草图模式后，功能区中的工具显示区，可用于绘制草图线的绘制选项板，如图 3-25 所示，在所有类别图元的草图模式中都是通用的，例如"线"和"矩形"。

4. 编辑边界模式：在编辑完成图元构件后，如果需要对图元进行修改编辑，我们需要重新进入草图模式，选择图元，然后在"上下文选项卡"模式，单击"编辑边界"，即可进入草图模式，进行编辑，如图 3-26 所示。

图 3-25　绘制面板

图 3-26　"编辑边界"模式

第4章 轴网标高及参照平面

在 Revit Architecture 中做设计，建议先创建标高、再创建轴网，这样是为了在各层平面图中正确显示轴网。若先创建轴网、再创建标高，需要在两个不平行的立面视图（如南、东立面）中分别手动将轴线的标头拖拽到顶部标高之上，在后创建的标高楼层平面视图中才能正确显示轴网。

4.1 标高

4.1.1 创建标高

使用"标高"工具，可定义垂直高度或建筑内的楼层标高，可为每个已知楼层或其他必需的建筑参照（例如，第二层、墙顶或基础底端）创建标高。要添加标高，必须处于剖面视图或立面视图中。添加标高时，可以创建一个关联的平面视图。可采取以下步骤创建标高。

打开程序自带的样板文件"DefaultCHSCHS"，打开立面图，在绘图区域内的"标高1"处点击两下，可将"标高 1"名称修改为"F1"，点击回车，出现"是否希望重用名相应视图"，点击"是（Y）"，见图 4-1。同理将"标高 2"名称修改为"F2"，见图 4-2。

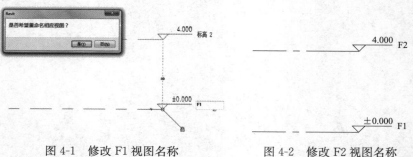

图 4-1　修改 F1 视图名称　　　　图 4-2　修改 F2 视图名称

单击"建筑"选项卡下"基准"面板中的"标高"工具，这时状态栏会显示"单击以输入标高起点"。移动光标到视图中"F2"左侧标头正上方，当出现绿色标头对齐虚线时，单击鼠标左键捕捉标高起点，见图 4-3。

从左向右移动光标到"F2"右侧标头上方，当出现绿色标头对齐虚线时，再次单击鼠标左键捕捉标高终点，创建标高"F3"，如图 4-4 所示。

绘制标高时，不必考虑标高尺寸，可如此进行修改：单击选择"F3"标高，这时在"F2"与"F3"之间会显示一条蓝色临时尺寸标注，同时标高、标头名称及标高值也都变成蓝色显示（蓝色显示的文字、标注等单击即可编辑修改），见图 4-5，在蓝色临时尺寸标注值上单击激活文本框，输入新的层高值（如 3300mm），按"Enter"键确认，将二层与三层之间的层高修改为 3.3m，见图 4-6。

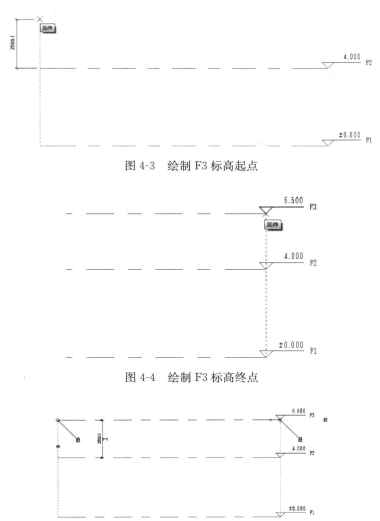

图 4-3 绘制 F3 标高起点

图 4-4 绘制 F3 标高终点

图 4-5 蓝色显示可修改尺寸

图 4-6 修改尺寸

利用工具栏"复制"工具，创建地坪标高和地下一层标高。选择标高"F2"，工具栏单击"复制"命令，选项栏勾选多重复制选项"多个"，见图 4-7。此时，状态栏显示"单击可输入移动起点"，移动光标在标高"F2"上单击捕捉一点作为复制参考点，然后垂直向下移动光标，输入间距值（如4450mm），按"Enter"键确认后复制出地坪标高，如图4-8。继续向下移动光标，输入间距值（如3000mm），按"Enter"键确认后复制出地下一层标高。单击蓝色的标头名称，激活文本框，分别输入新的标高名称"F0"、"F-1"后按"Enter"键确认。结果如图4-9所示。

至此建筑的各个标高就创建完成，点击"快速访问工具栏"中的保存命令保存文件。在弹出的对话框中，可以看到默认的"文件类型"为".rvt"项目文件，见图4-10，输入文件名称，点击"保存"。

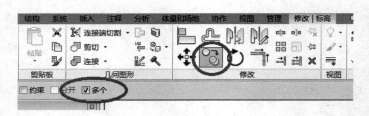

图4-7　复制

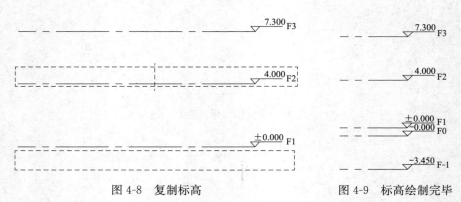

图4-8　复制标高　　　　　　　　　　　　图4-9　标高绘制完毕

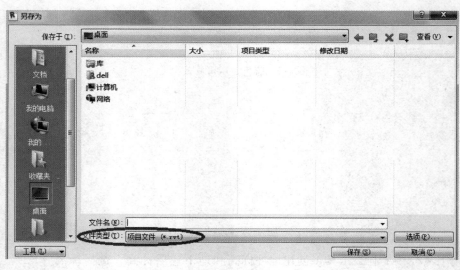

图4-10　保存项目文件

4.1.2　编辑标高

标高图元的组成包括：标高值、标高名称、对齐锁定开关、对齐指示线、弯折、拖拽点、2D/3D 转换按钮、标高符号显示/隐藏、标高线。

单击拾取标高"F0"，从"属性"选项板的"类型选择器"下拉列表中选择"标高：下标头"类型，标头自动向下翻转方向。结果如图 4-11 所示。

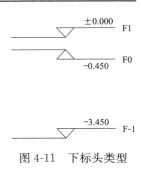

图 4-11　下标头类型

复制的"F0、F-1"标高是参照标高，因此新复制的标高标头都是黑色显示，而且在项目浏览器中的"楼层平面"项下也没有创建新的平面视图，下面将对标高做局部调整。单击"视图"选项卡下"平面视图"下拉菜单"楼层平面"工具，打开"新建平面"对话框，见图 4-12。从下面列表中选择"F0"，单击"确定"后，在项目浏览器中创建了新的楼层平面"F0"。同理，在项目浏览器中创建新的楼层平面"F-1"。此时，"F0"、"F-1"标高标头蓝色显示。

选择任意一根标高线，会显示临时尺寸、一些控制符号和复选框，如图 4-13 所示，可以编辑其尺寸值、单击并拖拽控制符号可整体或单独调整标高标头位置、控制标头隐藏或显示、标头偏移等操作。

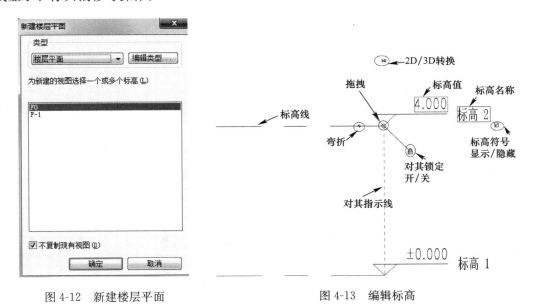

图 4-12　新建楼层平面　　　　　图 4-13　编辑标高

4.2　轴网

4.2.1　创建轴网

在 Revit 2015 中轴网只需要在任意一个平面视图中绘制一次，其他平面、立面、剖面视图中都将自动显示。

在项目浏览器中双击"楼层平面"项下的"F1"视图，打开首层平面视图。单击"建筑"选项卡下"基准"面板中的"轴网"工具，见图 4-14，状态栏显示"单击可输入轴网起点"。移动光标到视图中单击鼠标左键捕捉一点作为轴线起点。然后从上向下垂直移动光标一段距离后，再次单击鼠标左键捕捉轴线终点创建第一条垂直轴线，轴号为 1。

图 4-14　轴网工具

单击选择 1 号轴线，单击工具栏"复制"命令，选项栏勾选"约束"和"多个"，见图 4-15。移动光标在 1 号轴线上单击捕捉一点作为复制参考点，然后水平向右移动光标，输入轴线间距值后按"Enter"键确认后可复制随后的横向定位轴线。同理，可绘制纵向定位轴线，形成轴网。

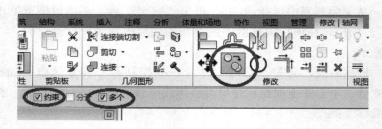

图 4-15　复制

4.2.2　编辑轴网

（1）"属性"选项板

在放置轴网时或在绘图区域选择轴线时，可通过"属性"选项板的"类型选择器"选择或修改轴线类型，见图 4-16。

同样，可对轴线的实例属性和类型属性进行修改。

实例属性：对实例属性进行修改仅会对当前所选择的轴线有影响。可设置轴线的"名称"和"范围框"，见图 4-17。

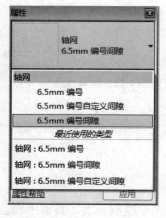

图 4-16　类型选择器

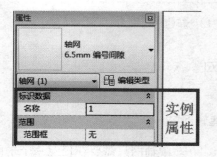

图 4-17　实例属性

类型属性：点击"编辑类型"按钮，弹出"类型属性"对话框，见图 4-18，对类型属性的修改会对和当前所选轴线同类型的所有轴线有影响。相关参数如下：

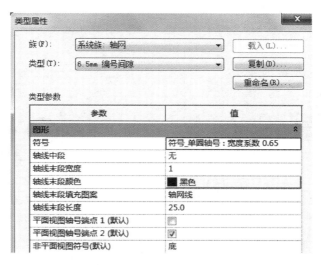

图 4-18　类型属性

① 符号：从下拉列表中可选择不同的轴网标头族。

② 轴线中段：若选择"连续"，轴线按常规样式显示；若选择"无"，则将仅显示两段的标头和一段轴线，轴线中间不显示；若选择"自定义"，则将显示更多的参数，可以自定义自己的轴线线型、颜色等。

③ 轴线末端宽度：可设置轴线宽度为 1～16 号线宽；"轴线末端颜色"参数可设置轴线颜色。

④ 轴线末端填充图案：可设置轴线线型。

⑤ 平面视图轴号端点 1（默认）、平面视图轴号端点 2（默认）：勾选或取消勾选这两个选项，即可显示或隐藏轴线起点和终点标头。

⑥ 非平面视图轴号（默认）：该参数可控制在立面、剖面视图上轴线标头的上下位置。可选择"顶"、"底"、"两者"（上下都显示标头）或"无"（不显示标头）。

（2）调整轴线位置

单击轴线，会出现这根轴线与相邻两根轴线的间距（蓝色临时尺寸标注），点击间距值，可修改所选轴线的位置，见图 4-19。

（3）修改轴线编号

单击轴线，然后单击轴线名称，可输入新值（可以是数字或字母）以修改轴线编号。也可以选择轴线，在"属性"选项板上输入其他的"名称"属性值，来修改轴线编号。

图 4-19　调整轴线位置

（4）调整轴号位置

有时相邻轴线间隔较近，轴号重合，这时需要将某条轴线的编号位置进行调整。选择现有的轴线，单击"添加弯头"拖曳控制柄，见图 4-20，可将编号从轴线中移开，见图 4-21。

39

选择轴线后，可通过拖曳模型端点修改轴网，见图 4-22。

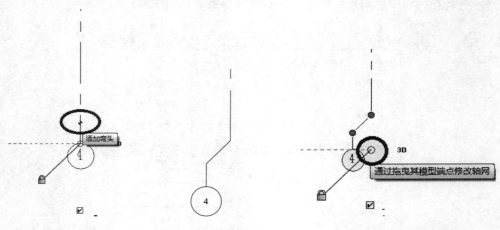

图 4-20　添加弯头　　　图 4-21　轴号调位　　　图 4-22　拖曳模型端点

（5）显示和隐藏轴网编号

选择一条轴线，会在轴网编号附近显示一个复选框。单击该复选框，可隐藏/显示轴网标号，见图 4-23。也可选择轴线后，点击"属性"选项板上的"编辑类型"，对轴号可见性进行修改，见图 4-24。

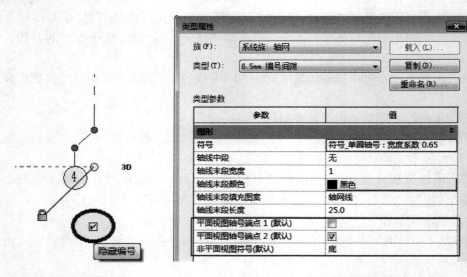

图 4-23　隐藏编号　　　　　　　　　图 4-24　轴号可见性修改

4.3　参照平面

可以使用"参照平面"工具来绘制参照平面，以用作设计辅助面。参照平面在创建族时是一个非常重要的部分。参照平面会出现在为项目所创建的每个平面视图中。

（1）添加参照平面

单击"建筑"选项卡下"工作平面"面板中的"参照平面"工具，见图 4-25，根据状态栏提示，点击参照平面起点、终点，绘制参照平面。

（2）命名参照平面

在绘图区域中，选择参照平面。在"属性"选项板中，在"名称"中输入参照平面的名称。

（3）在视图中隐藏参照平面

选择一个或多个要隐藏的参照平面，单击鼠标右键，单击"在视图中隐藏"-"图元"，见图 4-26。要隐藏选定的参照平面和当前视图中相同类别的参照平面，单击"在视图中隐藏"-"类别"。

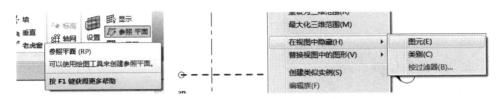

图 4-25　参照平面工具　　　　　图 4-26　隐藏参照平面

说明：参照平面是个平面，只是在某些方向的视图中显示为线而已（如在平面视图上绘制参考平面，参考平面垂直于水平面，故在平面视图上显示为线）。

第5章 墙 与 幕 墙

Revit 2015 的墙体不仅是建筑空间的分隔主体，而且也是门窗、墙饰条与分割缝、卫浴灯具等设备的承载主体，在创建门窗等构件之前需要先创建墙体。同时墙体构造层设置及其材质设置，不仅影响着墙体在三维、透视和立面视图中的外观表现，更直接影响着后期施工图设计中墙身大样、节点详图等视图中墙体截面的显示。

5.1 常规直线和弧形墙

打开楼层平面图（在项目浏览器中双击"楼层平面"项下任一楼层），单击"建筑"

图 5-1 墙类型

选项卡下"构建"面板中的"墙"下拉菜单"墙：建筑"工具。

（1）墙体类型设置

从"属性"选项板的类型选择器下拉列表中选择所需的墙类型，如图 5-1。此外，还可以在放置后，通过选择绘图区域中的墙，再对墙体类型进行设置。

（2）定位线设置

定位线指的是在绘制墙体过程中，绘制路径与墙体的哪个面进行重合。有墙中心线（默认值）、核心层中心线、面层面外部、面层面内部、核心面外部、核心面内部六个选项，见图 5-2。默认值为"墙中心线"，即在绘制墙体时，墙体中心线与绘制路径重合。

选择单个墙，蓝色圆点指示其定位线。图 5-3 是"定位线"为"面层面外部"且墙是从左到右绘制的结果。

（3）墙高度/深度设置

"高度/深度"设置在选项栏中。图 5-4 显示了"底部限制条件"为"L-1"，使用不同"高度/深度"设置创建的四面墙的剖视图，表 5-1 显示了每面墙的属性。

图 5-2 定位线设置　　　　图 5-3 定位线结果　　　　图 5-4 不同高度/深度下的剖视图

	墙的属性			表 5-1
属性	墙 1	墙 2	墙 3	墙 4
底部限制条件	L-1	L-1	L-1	L-1
深度/高度	深度	深度	高度	高度
底部偏移	−6000	−3000	0	0
墙顶定位标高	直到标高：L-1	直到标高：L-1	无连接	直到标高：L-2
无连接高度			6000	

（4）绘制墙体

默认的绘制方法是"修改/放置墙"选项卡下"绘制"面板中的"直线"工具，还有"矩形"、"多边形"、"圆形"、"弧形"等绘制工具，可以绘制直线墙体或弧形墙体。

使用"绘制"面板中"拾取线"工具，可以沿在图形中选择的线来放置墙分段。线可以是模型线、参照平面或图元（如屋顶、幕墙嵌板和其他墙）边缘。

说明：在绘图过程中，可根据"状态栏"提示，绘制墙体。

5.2　斜墙及异形墙

（1）绘制斜墙

① 方式一：通过内建模型创建斜墙，族类别选择"墙"

单击"建筑"选项卡下"构建"面板中"构件"下拉菜单-"内建模型"工具，见图 5-5。在弹出的"族类型和族参数"对话框中选择"墙"点击"确定"，见图 5-6，以将族类别定义为墙。在弹出的"名称"对话框中输入自定义的墙体名称，如"斜墙"。

图 5-5　内建模型工具　　　　　　图 5-6　选择族类别为墙

为保证绘制的规范性，以墙的东侧面为工作平面，步骤如下：在平面视图中，点击"创建"选项卡下"基准"面板中的"参照平面"命令，自上向下绘制一个参照平面，见图 5-7；再点击"创建"选项卡下"工作平面"面板中的"设置"命令，见图 5-8，在弹出的"工作平面"对话框中，选择"拾取一个平面"，点击"确定"，见图 5-9，拾取绘制的参照平面；在弹出的"转到视图"对话框中，选择"立面：东"，点击"打开视图"。通过这种方式，进入到待绘制墙体的东立面视图中。

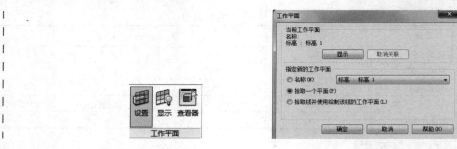

图 5-7 参考平面 图 5-8 设置工作平面图 图 5-9 拾取工作平面

选择"创建"选项卡下"形状"面板中的"拉伸"工具，见图 5-10，绘制斜墙的东立面轮廓，见图 5-11，点击"模式"面板的"√完成编辑模式"，斜墙绘制完毕。

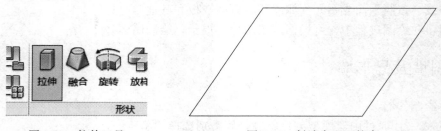

图 5-10 拉伸工具 图 5-11 斜墙东立面轮廓

② 方式二：通过内建模型创建斜墙，族类别选择"常规模型"

同样用内建模型来绘制，区别是将族类型和类别定义为"常规模型"，见图 5-12。同样，先定义工作平面，使用拉伸命令的直线命令绘制斜墙的东立面轮廓，完成斜墙绘制。要注意的是这种方法是用"常规模型"的族类别来进行创建的，所以系统在统计的时候不会将此"斜墙"统计为墙，因此我们需要赋予它墙体的内容。

点击"体量和场地"选项卡下"面模型"面板中的"墙"命令，在"属性"选项板中修改墙属性，选择用"拾取面"的方法（这种方法为"绘制面板"中的默认方法）选择常规模型的东立面，见图 5-13，即在常规模型的东立面生成"面墙"，最后将常规模型删除。

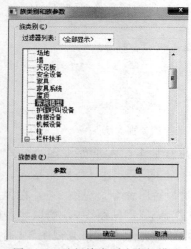

图 5-12 选择族类别为常规模型

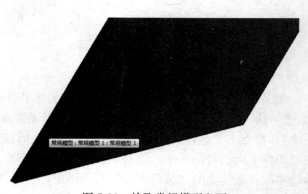

图 5-13 拾取常规模型立面

（2）绘制异形墙

以上方法创建的是有固定厚度的墙体，对一些没有固定厚度的异形墙，如古城墙，则需要用"内建模型"命令的"实心拉伸（融合、旋转、放样、放样融合）"和"空心拉伸（融合、旋转、放样、放样融合）"工具创建内建族。本节仅以古城墙为例说明异形墙体的创建方法。

① 新建墙类别

建立 F1、F2 两层标高，在 F1 平面视图中，单击"建筑"选项卡下"构建"面板中"构件"工具的下拉三角箭头，从下拉菜单中选择"内建模型"命令。

在弹出的"族类别与族参数"对话框中，选择族类别"墙"单击"确定"。在弹出的"名称"对话框中输入"古城墙"为墙体名称，单击"确定"打开族编辑器进入内建模型模式。

② 绘制定位线：单击"基准"面板中的"参照平面"工具，绘制一条水平和垂直的参照平面，见图 5-14。

③ 拉伸墙体：

单击"创建"选项卡下"形状"面板中的"拉伸"工具，进入"修改｜创建拉伸"子选项卡。

设置工作平面：城墙的拉伸轮廓需要到立面视图中绘制，所以需要先选择一个绘制轮廓线的工作平面。单击"工作平面"面板中的"设置"命令。

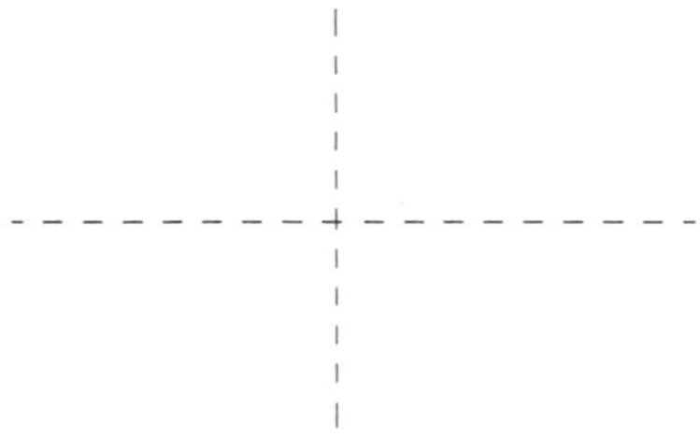

在"工作平面"对话框中选择"拾取一个平面"，单击"确定"。移动光标单击拾取垂直的参照平面。在"转到视图"对话框中选择"立面：东立面"，单击"打开视图"进入东立面视图。

图 5-14　参照平面

绘制轮廓：在"绘制"面板中选择"线"绘制工具，以参照平面为中心按图 5-15 所示尺寸绘制封闭的城墙轮廓线。

拉伸属性设置：在左侧"属性"选项板中，设置参数"拉伸终点"值为 10000mm，"拉伸起点"值为 −10000mm（城墙总长 20m，从中心向两边各拉伸 10m）。单击参数"材质"的值"按类别"，右侧出现一个小按钮，单击打开"材质"对话框，从弹出的"材质浏览器"中选择"砖"，单击"确定"。

单击功能区"模式"面板中的"√"工具，创建了城墙，其三维视图见图 5-16。

注意：此时不要继续点击"在位编辑器"面板的"√"完成模式"命令。

④ 剪切墙垛：

切换窗口到 F1 平面视图。在"创建"选项卡中单击"形状"面板中的"空心形状"工具，从下拉菜单中选择"空心拉伸"命令，进入"修改｜创建空心拉伸"子选项卡。

设置工作平面：同样方法单击"工作平面"面板中的"设置"命令，拾取水平参照平面为工作平面，选择"立面：南立面"为绘制轮廓视图。

绘制轮廓：在"绘制"面板中选择"矩形"绘制工具，以参照平面为中心绘制一个 500mm×500mm 的正方形。然后选择绘制的正方形，用"复制"工具向右侧复制 6 个正方形，间距 1500。然后选择右侧复制的所有正方形，用"镜像-拾取轴"工具拾取垂直参照平面镜像左侧正方形，结果如图 5-17。

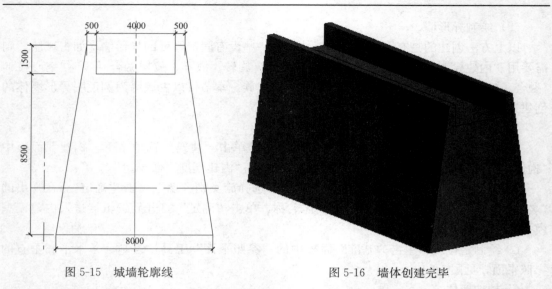

图 5-15　城墙轮廓线　　　　　　　　　图 5-16　墙体创建完毕

拉伸属性设置：同样方法在左侧"属性"选项板中，设置参数"拉伸终点"值为 4000，"拉伸起点"值为-4000，单击"确定"。

单击功能区"模式"面板中的"√"工具，刚刚绘制的空心拉伸模型自动剪切了城墙，形成垛口。

⑤ 单击"修改"选项卡下"在位编辑器"面板中的"√完成模型"命令，关闭族编辑器。

古城墙创建完毕，其三维视图见图 5-18。

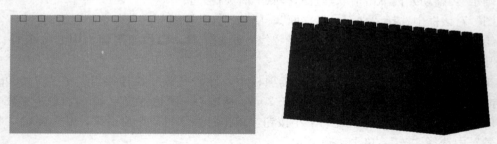

图 5-17　墙垛轮廓　　　　　　　　　图 5-18　古城墙创建完毕

提示：选择古城墙，单击"修改｜墙"子选项卡"模型"面板的"在位编辑"工具，可以返回族编辑器中重新编辑修改城墙模型，或拖拽蓝色三角控制柄控制。

5.3　复合墙及叠层墙

（1）复合墙

复合墙指的是由多种平行的层构成的墙。既可以由单一材质的连续平面构成（例如胶合板），也可以由多重材质组成（例如石膏板、龙骨、隔热层、气密层、砖和壁板）。另外，构件内的每个层都有其特殊的用途。例如，有些层用于结构支座，而另一些层则用于隔热。可采用以下步骤创建复合墙。

① 在绘图区域中，选择墙。

② 在"属性"选项板上，单击"编辑类型"，进入到"类型属性"对话框。

③ 单击"类型属性"对话框中的"复制"，在弹出的"名称"对话框中输入自定义的墙体名称，单击"预览"打开预览窗格。

④ 在预览窗格下，选择"剖面：修改类型属性"作为"视图"，如图 5-19。

⑤ 单击"结构"参数对应的"编辑"，进入到"编辑部件"对话框，如图 5-20。

单击"插入"开始插入层，为"功能"选择层的功能，为"材质"选择层的材质，为"厚度"指定层的厚度。

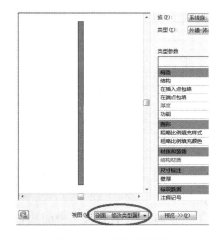

图 5-19　在剖面下预览

如果要移动层的位置，可选择它，并单击"向上"或"向下"。图 5-21 是某复合墙体的构造层次。

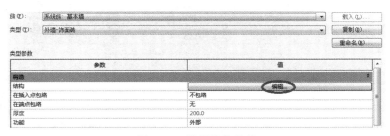

图 5-20　编辑墙体结构

图 5-21　某复合墙的墙体结构

默认情况下，每个墙体类型都有两个名为"核心边界"的层，这些层不可修改，也没有厚度。它们一般包拢着结构层，是尺寸标注的参照。图 5-22 是核心边界显示为红色的复合几何图形。

⑥ 面层多材质复合墙

设置面层后，如图 5-23 所示，点击"拆分区域"按钮（图 x），移动光标到左侧预览框中，在墙左侧面层上捕捉一点进行单击，会发现面层在该点处拆分为上下两部分。注意此时右侧栏中该面层的"厚度"值变为"可变"。

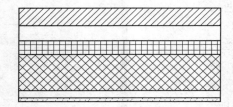

图 5-22　核心边界　　　　　　　　　　　图 5-23　"拆分区域"工具

提示：单击"修改"按钮，单击选择拆分边界，编辑蓝色临时尺寸可以调整拆分位置。

在右侧栏中加入一个面层，移至被拆分面层的上方，设置其"材质"，"厚度"值设为"0"，见图 5-24。

	功能	材质	厚度	包络	结构材质
		外部边			
1	面层 2 [5]	涂料-白色	0.0	☑	
2	面层 1 [4]	涂料-黄色	20.0	☑	☐
3	核心边界	包络上层	0.0		
4	结构 [1]	砌体-普通砖 75x225mm	200.0	☐	☑
5	核心边界	包络下层	0.0		
6	面层 2 [5]	水泥砂浆	20.0	☑	☐

图 5-24　新加面层

再次单击新创建的面层，单击"指定层"按钮，移动光标到左侧预览框中拆分的面上单击，会将该新建的面层材质指定给拆分的面。注意刚创建的面层和原来的面层"厚度"都变为"20mm"，见图 5-25。

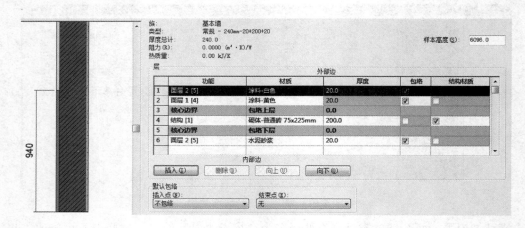

图 5-25　"指定层"后的墙体结构

单击"确定"关闭所有对话框后，选择的墙变成了外涂层有两种材质的复合墙类型。

（2）叠层墙

Revit 包括用于为墙建模的"叠层墙"系统族，这些墙包含一面接一面叠放在一起的两面或多面子墙。子墙在不同的高度可以具有不同的墙厚度。叠层墙中的所有子墙都被附着，其几何图形相互连接，见图 5-26。

要定义叠层墙的结构，可执行下列步骤：

① 访问墙的类型属性

若第一次定义叠层墙，可以在项目浏览器的"族"-"墙"-"叠层墙"下，在某个叠层墙类型上单击鼠标右键，然后单击"创建实例"，见图 5-27。然后在"属性"选项板上，单击"编辑类型"。

图 5-26　叠层墙

图 5-27　创建叠层墙实例

若已将叠层墙放置在项目中，可在绘图区域中选择它，然后在"属性"选项板上，单击"编辑类型"。

② 在弹出的"类型属性"对话框中，单击"预览"打开预览窗格，用以显示选定墙类型的剖面视图。对墙所做的所有修改都会显示在预览窗格中。

③ 单击"结构"参数对应的"编辑"命令，以打开"编辑部件"对话框。在对话框中，需要输入"偏移"、"样板高度"、"类型"表中的"名称"、"高度"、"偏移"、"顶"、"底部"值，见图 5-28。

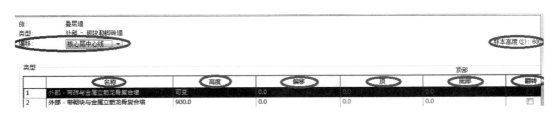

图 5-28　"编辑部件"对话框

"偏移"值。选择将用来对齐子墙的平面作为"偏移"值，该值将用于每面子墙的"定位线"实例属性，有墙中心线、核心层中心线（默认值）、面层面外部、面层面内部、核心面外部、核心面内部六个选项。

"样本高度"值。指定预览窗格中墙的高度作为"样本高度"，如果所插入子墙的无连接高度大于样本高度，则该值将改变。

在"类型"表中，单击左列中的编号以选择定义子墙的行，或单击"插入"添加新的子墙。

在"名称"列中，单击其值，然后选择所需的子墙类型。

在"高度"列中，指定子墙的无连接高度。注意一个子墙必须有一个相对于其他子墙高度而改变的可变且不可编辑的高度。要修改可变子墙的高度，可通过选择其他子墙的行并单击"可变"，将其他子墙修改为可变的墙。

在"偏移"列中，指定子墙的定位线与主墙的参照线之间的偏移距离（偏移量）。正值会使子墙向主墙外侧（预览窗格左侧）移动。

如果子墙在顶部或底部未锁定，可以在"顶"或"底部"列中输入正值来指定一个可升高墙的距离，或者输入负值来降低墙的高度。这些值分别决定着子墙的"顶部延伸距离"和"底部延伸距离"实例属性。

5.4 墙饰条与分割缝

（1）墙饰条

使用"饰条"工具向墙中添加踢脚板、冠顶饰或其他类型的装饰用水平或垂直投影，见图 5-29。可以在三维视图或立面视图中为墙添加墙饰条。要为某种类型的所有墙添加墙饰条，可以在墙的类型属性中修改墙结构。

添加墙饰条的步骤如下。

① 打开一个三维视图或立面视图，"建筑"选项卡-"构建"面板中的"墙"下拉列表-"墙：饰条"命令。

② 在类型选择器中，选择所需的墙饰条类型。

③ 单击"修改｜放置墙饰条"选项卡-"放置"面板，并选择墙饰条的方向："水平"或"垂直"。

④ 将光标放在墙上以高亮显示墙饰条位置，单击以放置墙饰条，见图 5-30。

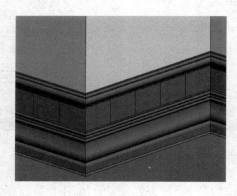

图 5-29 墙饰条

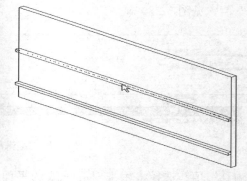

图 5-30 放置墙饰条

修改墙饰条的方法：选择墙饰条后，有两种修改方法，第一种方法是在"属性"选项板上进行修改，可在"编辑类型"进行修改；第二种方法是在出现的"修改｜放置饰条"选项卡中进行修改，可进行"添加/删除墙"（在附加的墙上继续创建放样或从现有放样中删除放样段，见图 5-31）、"修改转角"（将墙饰条或分隔缝的一端转角回墙或应用直线剪切，见图 5-32）操作。

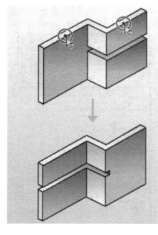

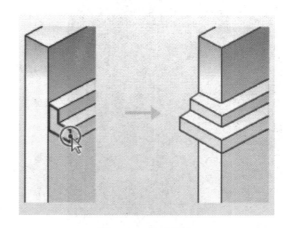

图 5-31　添加/删除墙　　　　　　　　　　　图 5-32　修改转角

（2）分隔缝

"分隔缝" 工具将装饰用水平或垂直剪切添加到立面视图或三维视图中的墙，见图 5-33。

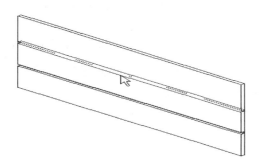

图 5-33　分隔缝

分隔缝的放置同墙饰条，点击"建筑"选项卡-"构建"面板中的"墙"下拉列表-"墙：分隔缝"，进行设置。修改方式也同墙饰条，选择分隔缝后进行修改。

5.5　常规直线和弧形幕墙

在 Revit 2015 中，幕墙由"幕墙网格"、"幕墙竖梃"和"幕墙嵌板"三部分组成，如图 5-34 所示。幕墙网格是创建幕墙时最先设置的构件，在幕墙网格上可生成幕墙竖梃。幕墙竖梃即幕墙龙骨，沿幕墙网格生成，若删除幕墙网格则依赖于该网格的幕墙竖梃也将同时被删除。幕墙嵌板是构成幕墙的基本单元，如玻璃幕墙的嵌板即为玻璃，幕墙嵌板可以替换为任意形式的基本墙或叠层墙类型，可以替换为自定义的幕墙嵌板族。

（1）创建线性幕墙的一般步骤

① 打开楼层平面视图或三维视图。

② 单击"建筑"选项卡下"构建"面板中的"墙"下拉列表-"墙：建筑"。

③ 从"属性"选项板的类型选择器下拉列表中，选择"幕墙"，见图 5-35。

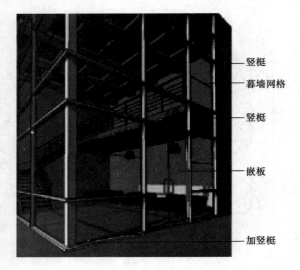

图 5-34　幕墙组成　　　　　　　　　　　　　　　图 5-35

④ 绘制幕墙：绘制幕墙的方法同绘制一般墙体，在"修改/放置墙"选项卡"绘制"面板中选择一种方法绘制。在绘图过程中，可根据状态栏的提示，绘制墙体。

（2）添加幕墙网格

系统默认的幕墙是无网格的玻璃幕墙。可以通过以下方法看出：选择绘图区域的幕墙，见图 5-36，点击"属性"选项板中的"编辑类型"，在弹出的"类型属性"对话框中可以看出"垂直网格样式"、"水平网格样式"的"布局"栏，均为"无"，见图 5-37。可以在"无"的下拉菜单选择一种方式进行添加网格，也可以手动添加网格。

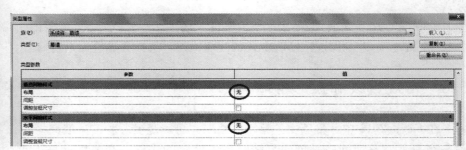

图 5-36　幕墙　　　　　　　　　　　图 5-37　幕墙网格设置

手动添加网格的操作步骤如下：

在三维视图或立面视图下，单击"建筑"选项卡"构建"面板中的"幕墙网格"工具。在"修改｜放置幕墙网格"选项卡"放置"面板中选择放置类型。有三种放置类型，分别为"全部分段"（在出现预览的所有嵌板上放置网格线段）、"一段"（在出现预览的一个嵌板上放置一条网格线段）、"除拾取外的全部"（在除了选择排除的嵌板之外的所有嵌板上，放置网格线段）。将幕墙网格放置在幕墙嵌板上时，在嵌板上将显示网格的预览图像，可以使用以上三种网格线段选项之一来控制幕墙网格的位置。

在绘图区域点击选择某网格线，点击出现临时定位尺寸，对网格线的定位进行修改，见图 5-38；或点击"修改｜幕墙网格"选项卡"幕墙网格"面板中的"添加/删除线段"命令，添加或删除网格线，见图 5-39。

图 5-38　修改网格线定位

图 5-39　添加/删除网格线

（3）添加幕墙竖梃

创建幕墙网格后，可以在网格线上放置竖梃。

单击"建筑"选项卡下"构建"面板中的"竖梃"工具。在"属性"选项板的类型选择器中，选择所需的竖梃类型，见图 5-40。

在"修改｜放置竖梃"选项卡的"放置"面板上，选择下列工具之一：

网格线：单击绘图区域中的网格线时，此工具将跨整个网格线放置竖梃。

单段网格线：单击绘图区域中的网格线时，此工具将在单击的网格线的各段上放置竖梃。

所有网格线：单击绘图区域中的任意网格线时，此工具将在所有网格线上放置竖梃。

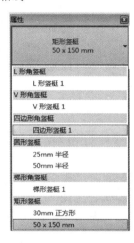

图 5-40　竖梃类型

在绘图区域中单击，以便根据需要在网格线上放置竖梃。

（4）控制水平竖梃和竖直竖梃之间的连接

在绘图区域中，选择竖梃。单击"修改｜幕墙竖梃"选项卡的"竖梃"面板中的"结合"或"打断"命令。使用"结合"可在连接处延伸竖梃的端点，以便使竖梃显示为一个连续的竖梃，见图 5-41；使用"打断"可在连接处修剪竖梃的端点，以便将竖梃显示为单独的竖梃，见图 5-42。

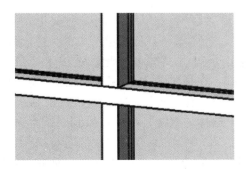

图 5-41　对横竖梃进行"结合"

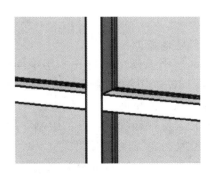

图 5-42　对横竖梃进行"打断"

（5）修改嵌板类型

打开可以看到幕墙嵌板的立面或视图。选择一个嵌板（将光标移动到嵌板边缘上方，并按 Tab 键，直到选中该嵌板为止。查看状态栏中的信息，然后单击以选中该嵌板）。从"属性"选项板的类型选择器下拉列表中，选择合适的嵌板类型，见图 5-43。系统自带的嵌板类型较少，可点击"属性"选项板中的"编辑类型"，在出现的"类型属性"对话框中点击"载入"，载入嵌板族（在之后的章节会讲到族命令）。图 5-44 是玻璃嵌板替换为墙体嵌板。

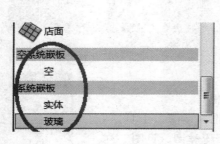

图 5-43　嵌板类型

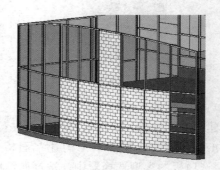

图 5-44　墙体嵌板

5.6　幕墙系统

幕墙系统同样是由嵌板、幕墙网格和竖梃组成，但它通常是由曲面组成，不含有矩形形状，见图 5-45。在创建幕墙系统之后，可以使用与幕墙相同的方法添加幕墙网格和竖梃。幕墙系统的创建是建立在"体量面"的基础上的，操作举例如下。

图 5-45　幕墙系统

（1）创建体量面

创建两层平面模型，打开一层平面视图，点击"体量和场地"选项卡，在"概念体量"面板中点击"内建体量"工具，见图 5-46，在弹出的"名称"对话框中输入自定义的体量名称（如"体量面 1"）。在"绘制"面板中选择"样条曲线"，然后绘制一条样条曲线。再打开二层平面视图，在"绘制"面板中选择"直线"命令，绘制一条直线。这两条线不必相互平行，见图 5-47。

打开三维视图，同时选择绘制完的样条曲线和直线，点击"形状"面板"创建形状"命令的下拉菜单，选择"实心形状"命令，见图 5-48，选择"完成体量"，见图 5-49。形成的幕墙体量面见图 5-50。

图 5-46　内建体量工具

图 5-47　绘制的线

图 5-48　实行形状工具　　　图 5-49　完成体量　　　　图 5-50　体量面

（2）在体量面上创建幕墙系统

单击"建筑"选项卡-"构建"面板中的"幕墙系统"命令，可在"属性"选项板中看到系统默认的幕墙系统是"幕墙系统 1500×3000mm"，见图 5-51，在"编辑类型"中可以看出该幕墙系统是按照 1500mm×3000mm 分格。按照"状态栏"的提示，点击生成的"体量面 1"，点击"创建系统"，见图 5-52，幕墙系统创建完毕，见图 5-53。

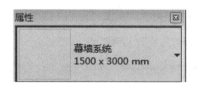

图 5-51　幕墙系统

图 5-52　创建体量

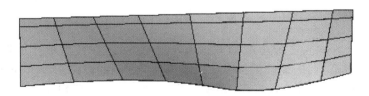

图 5-53　幕墙系统

第6章　楼板和天花板

6.1　楼板

6.1.1　平楼板

（1）创建平楼板

① 在平面视图中，单击"建筑"选项卡"构建"面板中的"楼板"下拉列表-"楼板：建筑"命令。

② 在"属性"选项板中选择或新建。

使用以下方法之一绘制楼板边界：

拾取墙：默认情况下，"拾取墙"处于活动状态，见图6-1，在绘图区域中选择要用作楼板边界的墙。

绘制边界：选取"绘制"面板中的"直线"、"矩形"、"多边形"、"圆形"、"弧形"等方式，根据状态栏提示绘制边界。

图 6-1　拾取墙工具

③ 在选项栏上，输入楼板边缘的偏移值，见图6-2。在使用"拾取墙"时，可选择"延伸到墙中（至核心层）"输入楼板边缘到墙核心层之间的偏移。

④ 将楼层边界绘制成闭合轮廓后，单击工具栏中的"√完成编辑模式"命令，见图6-3。

图 6-2　楼板边缘偏移值　　　　图 6-3　完成编辑

（2）修改楼板

① 选择楼板，在"属性"选项板上修改楼板的类型、标高等值。

注意：可使用筛选器选择楼板。

② 编辑楼板草图。在平面视图中，选择楼板，然后单击"修改│楼板"选项卡-"模式"面板"编辑边界"命令。

可用"修改"面板中的"偏移"、"移动"、"删除"等命令对楼板边界进行编辑，见图 6-4，或用"绘制"面板中的"直线"、"矩形"、"弧形"等命令绘制楼板边界，见图 6-5。

图 6-4　编辑工具　　　　　　　　图 6-5　绘制工具

修改完毕，单击"模式"面板中的"√ 完成编辑模式"命令。

6.1.2　斜楼板

要创建斜楼板，请使用以下方法之一：

（1）方法一

在绘制或编辑楼层边界时，点击"绘制"面板中的"绘制箭头"命令，见图 6-6，根据状态栏提示，"单击一次指定其起点（尾）"，"再次单击指定其终点（头）"。箭头"属性"选项板的"指定"下拉菜单有两种选择"坡度"、"尾高"。

若选择"坡度"，见图 6-7："最低处标高"①（楼板坡度起点所处的楼层，一般为"默认"，即楼板所在楼层）、"尾高度偏移"②（楼板坡度起点标高距所在楼层标高的差值）和"坡度"③（楼板倾斜坡度）见图 6-8。单击"√完成编辑模式"。

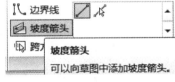

图 6-6　坡度箭头

图 6-7　选择"坡度"

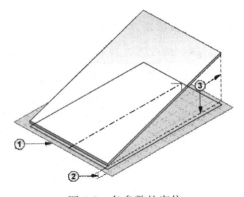

图 6-8　各参数的定位

注意：坡度箭头的起点（尾部）必须位于一条定义边界的绘制线上。

若选择"尾高"："最低处标高"①、"尾高度偏移"②、"最高处标高"③（楼板坡度

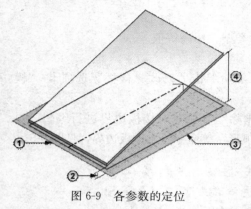

图 6-9　各参数的定位

终点所处的楼层）和"头高度偏移"④（楼板坡度终点标高距所在楼层标高的差值）见图 6-9。单击"√完成编辑模式"。

（2）方法二

指定平行楼板绘制线的"相对基准的偏移"属性值。

在草图模式中，选择一条边界线，在"属性"选项板上可以选择"定义固定高度"，或指定单条楼板绘制线的"定义坡度"和"坡度"属性值。

若选择"定义固定高度"。输入"标高"①和"相对基准的偏移"②的值。选择平行边界线，用相同的方法指定"标高"③和"相对基准的偏移"④的属性，见图 6-10。单击"√完成编辑模式"。

若指定单条楼板绘制线的"定义坡度"和"坡度"属性值。选择一条边界线，在"属性"选项板上选择"定义固定高度"、选择"定义坡度"选项、输入"坡度"值③。（可选）输入"标高"①和"相对基准的偏移"②的值，见图 6-11。单击"√完成编辑模式"。

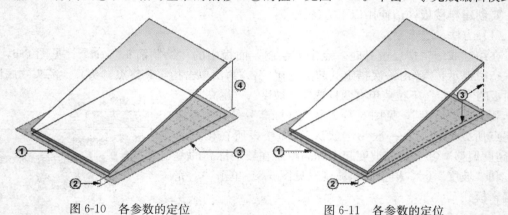

图 6-10　各参数的定位　　　　　　　　　　图 6-11　各参数的定位

6.1.3　异形楼板与平楼板汇水设计

有一些特殊的楼板设计（如错层连廊楼板需要在一块楼板中实现平楼板和斜楼板的组合，在一块平楼板的卫生间位置实现汇水设计等），可以通过"修改｜楼板"子选项卡"形状编辑"面板中的"添加点"、"添加分割线"、"拾取支座"、"修改子图元"命令快速实现。"形状编辑"面板见图 6-12，各命令功能如下：

图 6-12　形状编辑面板

添加点：给平楼板添加高度可偏移的高程点。

添加分割线：给平楼板添加高度可偏移的分割线。

拾取支座：拾取梁，在梁中线位置给平楼板添加分割线，且自动将分割线向梁方向抬高或降低一个楼板厚度。

修改子图元：单击该命令，可以选择前面添加的点、分割线，然后编辑其偏移高度。

重设形状：单击该命令，自动删除点和分割线，恢复平楼板原状。

（1）异形楼板

在平面视图中绘制一个楼板，见图 6-13，选择这个楼板，单击"修改｜楼板"选项卡下"形状编辑"面板中的"添加分割线"工具，楼板四周边线变为绿色虚线，角点处有绿色高程点，见图 6-14。

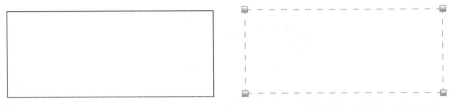

图 6-13　绘制一个楼板　　　　　　图 6-14　点击添加分割线后的楼板

移动光标在矩形内部左右两侧捕捉参照平面和矩形上下边界交点各绘制一条分割线，分割线蓝色显示，见图 6-15。

单击功能区"修改子图元"工具，自左上到右下框选右侧小矩形，见图 6-16，在选项栏"立面"参数栏中输入 600 后回车（这一步操作使框选的四个角点抬高 600mm）。按 Esc 键结束命令，楼板的立面图、三维视图见图 6-17。

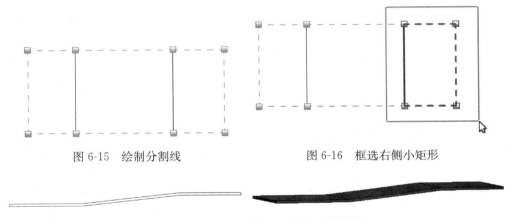

图 6-15　绘制分割线　　　　　　图 6-16　框选右侧小矩形

图 6-17　异形楼板的立面图和三维视图

（2）平楼板汇水设计

卫生间平楼板汇水设计方法同上，不同之处在于要在卫生间边界和地漏边界上分别添加几条分割线，并设置其相对高度，同时要设置楼板构造层，保证楼板结构层不变，面层厚度随相对高度变化，操作如下：

先绘制一个面层为 20mm 厚的卫生间楼板，选择这个楼板，单击"修改｜楼板"选项卡下"形状编辑"面板中的"添加分割线"工具，楼板四周边线变为绿色虚线，角点处有绿色高程点，见图 6-18（a）。

再通过"添加分割线"命令在卫生间内绘制 4 条短分割线（地漏边界线），见图 6-18（b），分割线蓝色显示。

单击功能区"修改子图元"工具，窗选 4 条短分割线，在选项栏"立面"参数栏中输入"-15"后回车，将地漏边线降低 15mm。"回"字形分割线角角相连，出现 4 条灰色的连接线，见图 6-18（c）。按 Esc 键结束命令，楼板见图 6-18（d）。

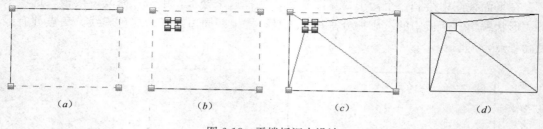

(a) (b) (c) (d)

图 6-18　平楼板汇水设计

点击"视图"选项卡下"创建"面板中"剖面"工具，见图 6-19，按图 6-20 所示设置剖断线。展开"项目浏览器"面板中的"剖面"，双击打开刚生成的剖面。从剖面图中，发现楼板的结构层和面层都向下偏移了 15mm，见图 6-21。

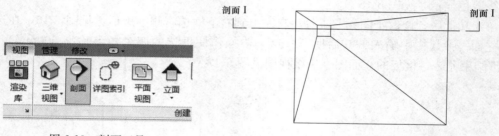

图 6-19　剖面工具

图 6-20　设置剖断线

单击选择楼板，在"属性"选项板中单击"编辑类型"命令，打开"类型属性"对话框。单击"复制"输入"汇水楼板"，确定后，单击"结构"参数后的"编辑"按钮打开"编辑部件"对话框，勾选第 1 行"面层"后面的"可变"选项，点"确定"关闭所有对话框后。这一步使楼板结构层保持水平不变，面层厚度地漏处降低了 15mm，见图 6-22。

图 6-21　楼板结构层下移 15mm

图 6-22　楼板结构层保持水平不变

6.1.4　楼板边缘

（1）创建楼板边缘

单击"建筑"选项卡下"构建"面板中"楼板"下拉列表-"楼板：楼板边缘"工具。高亮显示楼板水平边缘，并单击鼠标以放置楼板边缘。也可以单击模型线。单击边缘时，Revit 会将其作为一个连续的楼板边缘。如果楼板边缘的线段在角部相遇，它们会相互斜接。要完成当前的楼板边缘，单击"修改 | 放置楼板边缘"选项卡-"放置"面板中的"重新放置楼板边缘"命令。

要开始其他楼板边缘，将光标移动到新的边缘并单击以放置。

要完成楼板边缘的放置，单击"修改 | 放置楼板边缘"选项卡-"选择"面板-"修改"。创建的楼板边缘见图 6-23。

提示：可以将楼板边缘放置在二维视图
（如平面或剖面视图）中，也可以放置在三维视
图中。观察状态栏以寻找有效参照。例如，如
果将楼板边缘放置在楼板上，"状态栏"可能显
示"楼板：基本楼板：参照"。在剖面中放置楼
板边缘时，将光标靠近楼板的角部以高亮显示
其参照。

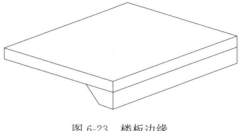

图 6-23　楼板边缘

（2）修改楼板边缘

可以通过楼板边缘的属性或以图形方式移动楼板边缘来改变其水平或垂直偏移。

① 水平移动

要移动单段楼板边缘，选择此楼板边缘并水平拖动它。要移动多段楼板边缘，选择此
楼板边缘的造型操纵柄。将光标放在楼板边缘上，并按 Tab 键高亮显示造型操纵柄。观察
状态栏以确保高亮显示的是造型操纵柄。单击以选择该造型操纵柄。向左或向右移动光
标以改变水平偏移。这会影响此楼板边缘所有线段的水平偏移，因为线段是对称的，见
图 6-24。移动左边的楼板边缘也会移动右边的楼板边缘。

② 垂直移动

选择楼板边缘并上下拖曳它。如果楼板边缘是多段的，那么所有段都会上下移动相同
的距离，见图 6-25。

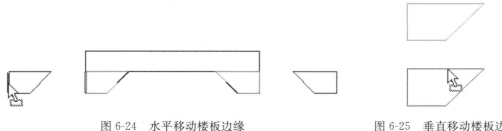

图 6-24　水平移动楼板边缘　　　　　　　　图 6-25　垂直移动楼板边缘

6.2　天花板

创建天花板是在其所在标高以上指定距离处进行的。例如，如果在标高 1 上创建天花
板，则可将天花板放置在标高 1 上方 3m 的位置。可以使用天花板类型属性指定该偏移量。

（1）创建平天花板

① 打开天花板平面视图。

② 单击"建筑"选项卡下"构建"面板中的"天花板"工具。

③ 在类型选择器中，选择一种天花板类型。

④ 可使用两种命令放置天花板——"自动创建天花板"或"绘制天花板"。

默认情况下，"自动创建天花板"工具处于活动状态。在单击构成闭合环的内墙时，
该工具会在这些边界内部放置一个天花板，而忽略房间分隔线。

（2）创建斜天花板

可使用下列方法之一创建斜天花板：

① 在绘制或编辑天花板边界时，绘制坡度箭头。

② 为平行的天花板绘制线指定"相对基准的偏移"属性值。

③ 为单条天花板绘制线指定"定义坡度"和"坡度"属性值。

（3）修改天花板

见表 6-1。

修改天花板 表 6-1

目标	操作
修改天花板类型	选择天花板，然后从"类型选择器"中选择另一种天花板类型
修改天花板边界	选择天花板，点击"编辑边界"
将天花板倾斜	见"创建斜天花板"
向天花板应用材质和表面填充图案	选择天花板，单击"编辑类型"，在"类型属性"对话框中，对"结构"进行编辑
移动天花板网格	常采用"对齐"命令对天花板进行移动

第7章　屋　顶

7.1　迹线屋顶

（1）创建迹线屋顶

① 打开楼层平面视图或天花板投影平面视图。

② 单击"建筑"选项卡-"构建"面板中"屋顶"下拉列表-迹线屋顶。

注：如果在最低楼层标高上点击"迹线屋顶"，则会出现一个对话框，提示您将屋顶移动到更高的标高上。如果选择不将屋顶移动到其他标高上，Revit 会随后提示您屋顶是否过低。

③ 在"绘制"面板上，选择某一绘制或拾取工具。默认选项是绘制面板中的"边界线"-"拾取墙"命令，在状态栏亦可看到"拾取墙以创建线"提示。

可以在"属性"选项板编辑屋顶属性。

提示：使用"拾取墙"命令可在绘制屋顶之前指定悬挑。在选项栏上，如果希望从墙核心处测量悬挑，请勾选"延伸到墙中（至核心层）"，然后为"悬挑"指定一个值。

④ 在绘图区域为屋顶绘制或拾取一个闭合环。

要修改某一线的坡度定义，选择该线，在"属性"选项板上单击"坡度"数值，可以修改坡度值。有坡度的屋顶线旁边便会出现符号▷，见图7-1。

⑤ 单击"√完成编辑模式"，然后打开三维视图，见图7-2。

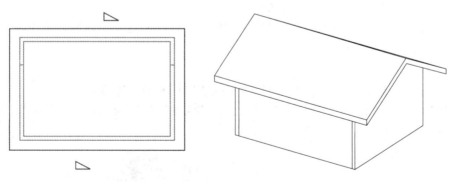

图 7-1　坡度显示　　　　　　　图 7-2　有悬挑的双坡屋顶

7.2　拉伸屋顶

（1）创建拉伸屋顶

① 打开立面视图或三维视图、剖面视图。

② 单击"建筑"选项卡中"构建"面板的"屋顶"下拉列表-拉伸屋顶。

③ 拾取一个参照平面。

④ 在"屋顶参照标高和偏移"对话框中，为"标高"选择一个值。默认情况下，将选择项目中最高的标高。要相对于参照标高提升或降低屋顶，可在"偏移"指定一个值（单位为 mm）。

⑤ 用绘制面板的一种绘制工具，绘制开放环形式的屋顶轮廓，见图 7-3。

⑥ 单击"√完成编辑模式"，然后打开三维视图。根据需要将墙附着到屋顶。见图 7-4。

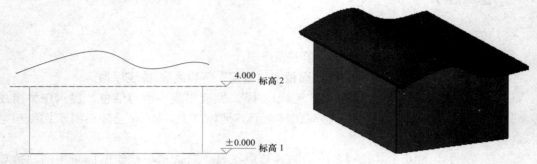

图 7-3　使用样条曲线工具绘制屋顶轮廓　　　　图 7-4　完成的拉伸屋顶

（2）屋顶的修改

① 编辑屋顶草图

选择屋顶，然后单击"修改｜屋顶"选项卡中"模式"面板-"编辑迹线"或"编辑轮廓"，以进行必要的修改。

如果要修改屋顶的位置，可用"属性"选项板来编辑"底部标高"和"自标高的底部偏移"属性，以修改参照平面的位置。若提示屋顶几何图形无法移动的警告，请编辑屋顶草图，并检查有关草图的限制条件。

② 使用造型操纵柄调整屋顶的大小

在立面视图或三维视图中，选择屋顶。根据需要，拖曳造型操纵柄。使用该方法可以调整按迹线或按面创建的屋顶的大小。

③ 修改屋顶悬挑

在编辑屋顶的迹线时，可以使用屋顶边界线的属性来修改屋顶悬挑。

在草图模式下，选择屋顶的一条边界线。在"属性"选项板上，为"悬挑"输入一个值。单击模式面板的"√完成编辑模式"，见图 7-5。

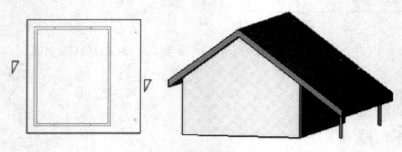

图 7-5　修改屋顶草图

④ 在拉伸屋顶中剪切洞口

选择拉伸的屋顶，然后单击"修改｜屋顶"选项卡中"洞口"面板-"垂直"工具，将显示屋顶的平面视图形式。绘制闭合环洞口，见图 7-6。单击"√完成编辑模式"。创建的屋顶见图 7-7。

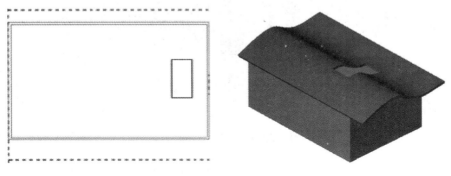

图 7-6　草图模式下的洞口草图　　　　图 7-7　创建的屋顶

7.3　面屋顶

与"斜墙及异形墙"相同，先创建"内建模型"，再创建面屋顶。

（1）创建"内建模型"

同"斜墙及异形墙"，单击"建筑"选项卡下"构建"面板中"构件"下拉菜单-"内建模型"工具。在弹出的"族类型和族参数"对话框中选择"常规模型"点击"确定"。在弹出的"名称"对话框中输入自定义的屋顶名称。

采用拉伸、融合、旋转、放样、放样融合、空心形状等工具，创建常规模型。

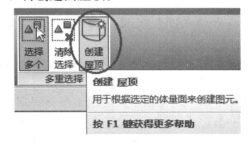

图 7-8　创建屋顶工具

（2）创建面屋顶

单击"建筑"选项卡下"构建"面板中"屋顶"工具的下拉菜单，选择"面屋顶"工具。

从类型选择器中选择屋顶类型，移动光标到模型顶部弧面上，当高亮显示时单击拾取面，再单击"创建屋顶"工具，见图 7-8。按 Esc 键结束"面屋顶"命令。最后将常规模型删除。

7.4　玻璃斜窗

（1）创建玻璃斜窗

① 创建"迹线屋顶"或"拉伸屋顶"。

② 选择屋顶，并在类型选择器中选择"玻璃斜窗"，见图 7-9。

可以在玻璃斜窗的幕墙嵌板上放置幕墙网格。按 Tab 键可在水平和垂直网格之间切换。

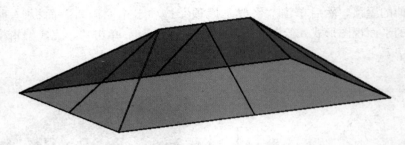

图 7-9　带有竖梃和网格线的玻璃斜窗

（2）编辑玻璃斜窗。

玻璃斜窗同时具有屋顶和幕墙的功能，因此也同样可以用屋顶和幕墙的编辑方法编辑玻璃斜窗。

玻璃斜窗本质上是迹线屋顶的一种类型，因此选择玻璃斜窗后，功能区显示"修改｜屋顶"上下文选项卡，可以用图元属性、类型选择器、编辑迹线、移动复制镜像等编辑命令编辑，并可以将墙等附着到玻璃斜窗下方。

同时，玻璃斜窗可以用幕墙网格、竖梃等编辑命令编辑，并且当选择玻璃斜窗后，会出现"配置轴网布局"符号◈，单击即可显示各项设置参数。

7.5　异形屋顶与平屋顶汇水设计

对一些没有固定厚度的异形屋顶，或有固定厚度但形状异常复杂的屋顶，以及平屋顶汇水设计等，则需要用以下方法创建。

（1）内建模型：适用于没有固定厚度的异形屋顶，操作方法请参考"斜墙及异形墙"一节。

（2）形状编辑：适用于形状异常复杂的屋顶和平屋顶汇水设计。平屋顶汇水设计的方法和"异形楼板与平楼板汇水设计"设计完全一样。

7.6　屋顶封檐带、檐沟与屋檐底板

（1）屋顶封檐带

① 单击"建筑"选项卡中"构建"面板的"屋顶"下拉列表-"屋顶：封檐带"。

② 高亮显示屋顶、檐底板、其他封檐带或模型线的边缘，然后单击以放置此封檐带，见图 7-10。单击边缘时，Revit 会将其作为一个连续的封檐带。如果封檐带的线段在角部相遇，它们会相互斜接。

这个不同的封檐带不会与其他现有的封檐带相互斜接，即便它们在角部相遇。

注：封檐带轮廓仅在围绕正方形截面屋顶时正确斜接。此图像中的屋顶是通过沿带有正方形双截面椽截面的屋顶的边缘放置封檐带而创建的。

（2）檐沟

① 单击"建筑"选项卡中"构建"面板的"屋顶"下拉列表-"屋顶：檐沟"工具。

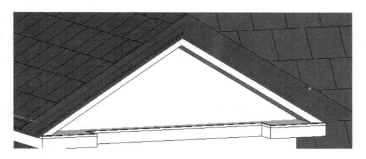

图 7-10 冠状封檐带

② 高亮显示屋顶、层檐底板、封檐带或模型线的水平边缘，并单击以放置檐沟。单击边缘时，Revit 会将其视为一条连续的檐沟。

③ 单击"修改│放置檐沟"选项卡中"放置"面板-"重新放置檐沟"命令，完成当前檐沟，见图 7-11，并可继续放置不同的檐沟，将光标移到新边缘并单击放置。

（3）屋檐底板

① 在平面视图中，单击"建筑"选项卡中"构建"面板的"屋顶"下拉列表-"屋顶：檐底板"工具。

② 单击"修改│创建屋檐底板边界"选项卡中"绘制"面板-"拾取屋顶边"命令。

③ 高亮显示屋顶并单击选择它，见图 7-12。

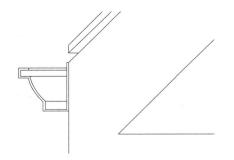

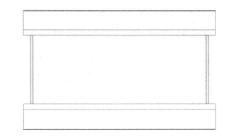

图 7-11 剖面图中显示的檐沟   图 7-12 使用"拾取屋顶边"工具选择的屋顶

④ 单击"修改│创建屋檐底板边界"选项卡中"绘制"面板-"拾取墙"命令，高亮显示屋顶下的墙的外面，并单击进行选择，见图 7-13、图 7-14。

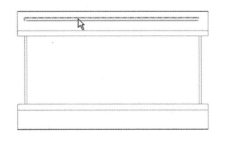

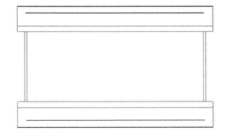

图 7-13 用于檐底板线的高亮显示墙   图 7-14 拾取墙后的檐底板绘制线

⑤ 修剪超出的绘制线，形成闭合环，见图 7-15。

⑥ 单击"√完成编辑模式"命令。

通过"三维视图"观察设置的屋檐底板的位置，可以通过"移动"命令对屋檐底板进行移动以放置至合适位置。通过使用"连接几何图形"命令，将檐底板连接到墙，然后将墙连接到屋顶。见图7-16。

图 7-15　绘制的檐底板线闭合环　　　　图 7-16　剖面视图中的屋顶、檐底板和墙

可以通过绘制坡度箭头或修改边界线的属性来创建倾斜檐底板。

（4）老虎窗

使用坡度箭头创建老虎窗

① 绘制迹线屋顶，包括坡度定义线。

② 在草图模式中，单击"修改│创建迹线屋顶"选项卡下"修改"面板中的"拆分图元"工具。

③ 在迹线中的两点处拆分其中一条线，创建一条中间线段（老虎窗线段），见图7-17。

④ 如果老虎窗线段是坡度定义（▱），请选择该线，然后清除"属性"选项板上的"定义屋顶坡度"。

⑤ 单击"修改│创建迹线屋顶"选项卡下"绘制"面板中的"坡度箭头"工具，在属性选项板设置"头高度偏移值"，然后从老虎窗线段的一端到中点绘制坡度箭头，见图7-18。

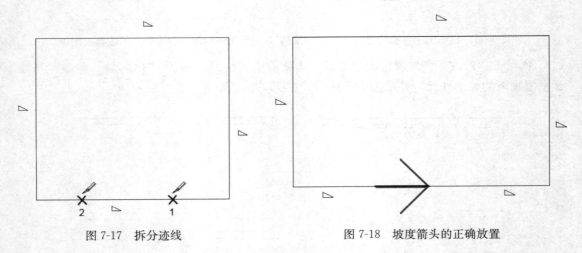

图 7-17　拆分迹线　　　　　　　　　图 7-18　坡度箭头的正确放置

⑥ 再次单击"坡度箭头"，设置"箭头高度偏移值"，并从老虎窗线段的另一端到中点绘制第二个坡度箭头，见图7-19。

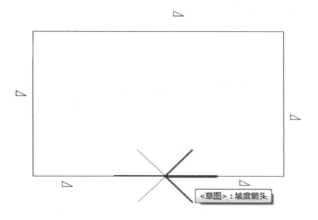

图 7-19　坡度箭头

⑦ 单击 "√完成编辑模式"，然后打开三维视图以查看效果，见图 7-20。

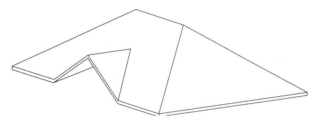

图 7-20　老虎窗

第8章 柱 和 梁

8.1 柱

8.1.1 创建建筑柱

可以在平面视图和三维视图中添加柱。柱的高度由"底部标高"和"顶部标高"属性以及偏移定义。

单击"建筑"选项卡下"构建"面板中的"柱"下拉列表-"柱：建筑"。在选项栏上指定下列内容：

- 放置后旋转。选择此选项可以在放置柱后立即将其旋转。
- 标高。（仅限三维视图）为柱的底部选择标高。在平面视图中，该视图的标高即为柱的底部标高。
- 高度。此设置从柱的底部向上绘制。要从柱的底部向下绘制，请选择"深度"。
- 标高/未连接。选择柱的顶部标高；或者选择"未连接"，然后指定柱的高度。
- 房间边界。选择此选项可以在放置柱之前将其指定为房间边界。

设置完成后，在绘图区域中单击以放置柱。

图 8-1 对齐工具

通常情况下，通过选择轴线或墙放置柱时将使柱对齐轴线或墙。如果在随意放置柱之后要将它们对齐，可单击"修改"选项卡下"修改"面板的"对齐"工具，见图 8-1，然后根据状态栏提示，选择要对齐的柱。在柱的中间是两个可选择用于对齐的垂直参照平面。

8.1.2 柱子编辑

与其他构件相同，选择柱子，可从"属性"选项板对其类型、底部或顶部位置进行修改。同样，可以通过选择柱对其拖曳，以移动柱。

柱不会自动附着到其顶部的屋顶、楼板和天花板上，需要进行修改。

（1）附着柱

选择一根柱（或多根柱）时，可以将其附着到屋顶、楼板、天花板、参照平面、结构框架构件，以及其他参照标高。步骤如下：

在绘图区域中，选择一个或多个柱。单击"修改｜柱"选项卡下"修改柱"面板中的"附着顶部/底部"工具。选项栏见图 8-2。

修改 | 柱　　附着柱: ◉ 顶 ○ 底　　附着样式: 剪切柱　　▼　　附着对正: 最小相交　　▼　　从附着物偏移: 0.0

图 8-2　选项栏

- 选择"顶"或"底"作为"附着柱"值，以指定要附着柱的哪一部分。
- 选择"剪切柱"、"剪切目标"或"不剪切"作为"附着样式"值。

"目标"指的是柱要附着上的构件，如屋顶、楼板、天花板等。"目标"可以被柱剪切，柱可以被目标剪切，或者两者都不可以被剪切。

- 选择"最小相交"、"相交柱中线"或"最大相交"作为"附着对正"值。
- 指定"从附着物偏移"。"从附着物偏移"用于设置要从目标偏移的一个值。

不同情况下的剪切示意图见图 8-3。

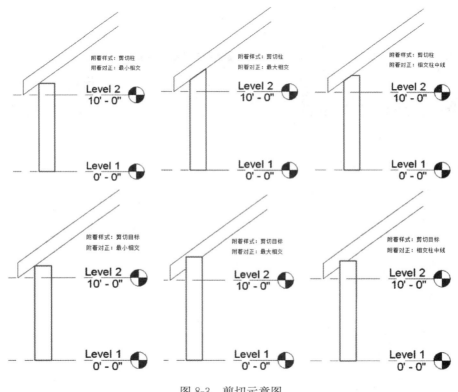

图 8-3　剪切示意图

在绘图区域中，根据状态栏提示，选择要将柱附着到的目标（例如，屋顶或楼板）。

（2）分离柱

在绘图区域中，选择一个或多个柱。单击"修改 | 柱"选项卡-"修改柱"面板中的"分离顶部/底部"命令。单击要从中分离柱的目标。

如果将柱的顶部和底部均与目标分离，单击选项栏上的"全部分离"。

8.1.3　结构柱

（1）结构柱的放置

进入"标高 2"平面视图→结构柱→"属性"选择结构柱类型→选项栏选择"深度"

或"高度"→绘制结构柱，见图8-4。

方法一：直接点取轴线交点，方法二：点击"在轴网处"，见图8-5。

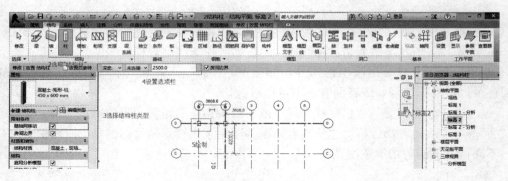

图 8-4　绘制结构柱

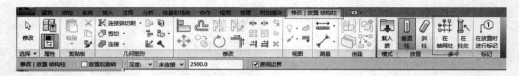

图 8-5　单击"在轴网处"

（2）修改结构柱定位参数，见图8-6。

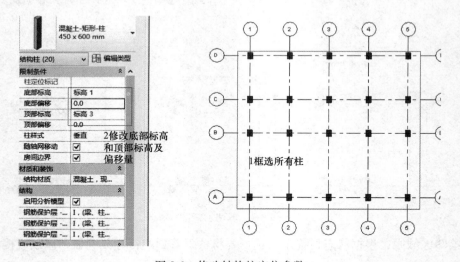

图 8-6　修改结构柱定位参数

8.2　梁

8.2.1　梁的创建

进入"标高1"平面视图→选取"梁"命令→选取梁的类型→设置梁的属性，见图8-7。

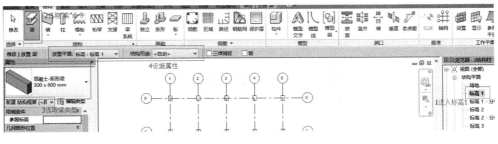

图 8-7　梁的创建

8.2.2　梁的编辑

在"属性"设置起始端、终止端偏移量，见图 8-8。

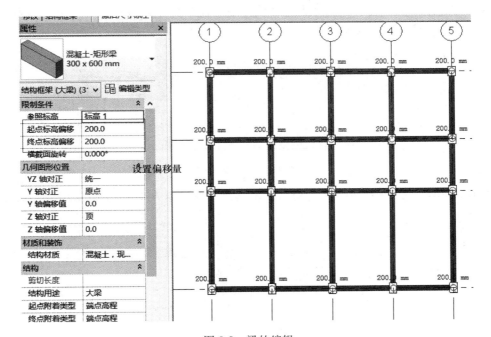

图 8-8　梁的编辑

第9章 门窗和洞口

9.1 门窗

9.1.1 载入并放置门窗

（1）载入门窗：在"插入"选项面板里，见图9-1，单击"载入族"命令，弹出对话框，选择"建筑"文件夹（见图9-2）→"门"或"窗"文件夹（见图9-3）→选择某一类型的窗载入到项目中（见图9-4）。

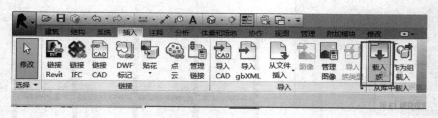

图9-1 插入对话框

图9-2 "建筑"文件夹

图9-3 "门"或"窗"文件夹

图9-4 载入族

（2）放置门窗

打开一个平面、剖面、立面或三维视图，单击"建筑"选项卡下"构建"面板中的"门"或"窗"命令。从类型选择器（位于"属性"选项板顶部）下拉列表中选择门窗类型。将光标移到墙上以显示门窗的预览图像，单击以放置门窗。见图 9-5。

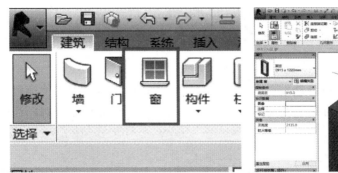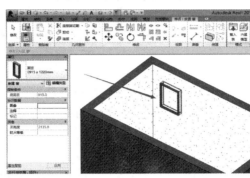

图 9-5　放置门窗

9.1.2　门窗编辑

（1）修改门窗

① 通过"属性"选项板修改门窗

选择门窗，在"类型选择器"中修改门窗类型；在"实例属性"中修改"限制条件"、"顶高度"等值，见图 9-6；在"类型属性"中修改"构造"、"材质和装饰"、"尺寸标注"等值，见图 9-7。

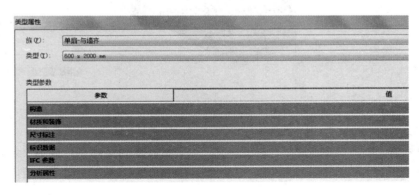

图 9-6　实例属性　　　　　　　　　　　　　图 9-7　类型属性

② 在绘图区域内修改

选择门窗，通过点击左右箭头、上下箭头以修改门的方向，通过点击临时尺寸标注并输入新值，以修改门的定位，见图 9-8。

③ 将门窗移到另一面墙内

选择门窗，单击"修改 | 门"选项卡-"主体"面板中的"拾取新主体"命令，根据状态栏提示，将光标移到另一面墙上，单击以放置门。

④ 门窗标记

在放置门窗时，点击"修改 | 放置门"选项卡"标记"面板中的"在放置时进行标

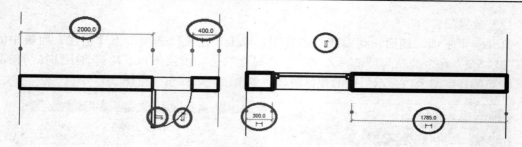

图 9-8　修改门定位

记"命令，可以指定在放置门窗时自动标记门窗。也可以在放置门窗后，点击"注释"选项卡"标记"面板中的"按类别标记"对门窗逐个标记，或点击"全部标记"对门窗一次性全部标记。

（2）复制创建门窗类型

以复制创建一个 1600×2400 的双扇推拉门为例，选中门之后，在"属性"栏选择"编辑类型"复制一个类型，命名为"1600×2400mm"，单击确定，见图 9-9。

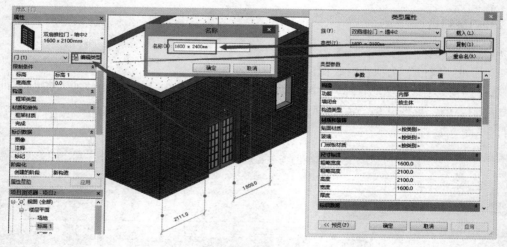

图 9-9　复制创建门窗类型

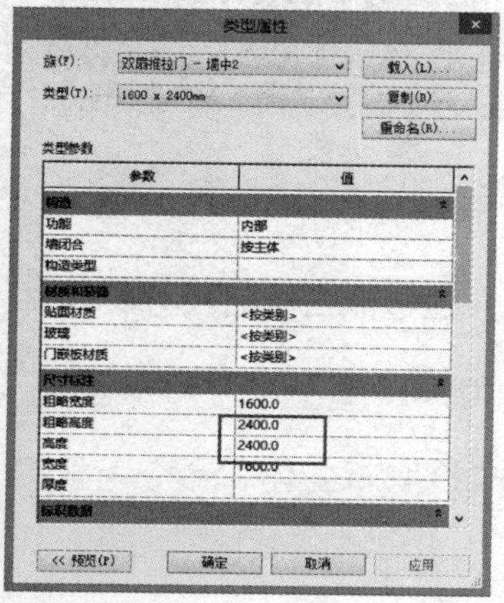

然后将高度和粗略高度改为 2400，点击确定即可完成 1600×2400 的双扇推拉门类型的创建，见图 9-10。

9.1.3　嵌套幕墙门窗

可以将幕墙嵌板的类型选为门窗嵌板类型，以将门窗添加到幕墙。步骤如下：

打开幕墙的平面、立面或三维视图，将光标移到幕墙嵌板的边缘上，按 Tab 键直到嵌板高亮显示，单击以将其选中。

在"属性"选项板顶部的类型选择器中，选择"门嵌板"或"窗嵌板"以替换该嵌板。若类型选择器中无门窗

图 9-10　修改高度

嵌板，单击"属性"选项板中的"编辑类型"，在出现的类型属性对话框内点击"载入"，见图 9-11，选择门窗嵌板类型点击"确定"。替换成门嵌板的玻璃幕墙示意图见图 9-12。

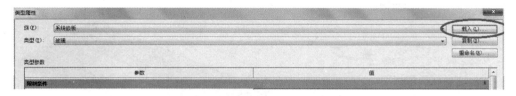

图 9-11　载入门窗嵌板类型

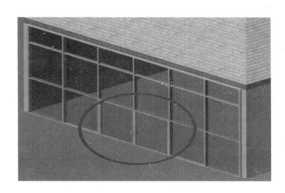

图 9-12　门窗嵌板

要删除门嵌板，将其选中，然后使用"类型选择器"将其重新更改为幕墙嵌板。

9.2　洞口

9.2.1　面洞口

使用"按面"洞口命令可以垂直于楼板、天花板、屋顶、梁、柱子、支架等构件的斜面、水平面或垂直面剪切洞口。

可以在能显示构件面的平面、立面、剖面或三维视图中创建面洞口。如在斜面上创建洞口，可以在三维视图中用导航"控制盘"菜单的"定向到一个平面"命令定向到该斜面的正交视图中绘制洞口草图。下面以坡屋顶为例，介绍"面洞口"的创建方法。

① 创建一个迹线屋顶，旋转缩放三维视图到屋顶南立面坡面，单击功能区"常用"选项卡"洞口"面板中的"按面"工具。移动光标到屋顶南立面坡面，当坡面高亮显示时单击拾取屋顶坡面，功能区显示"修改｜创建洞口边界"上下文选项卡。

② 定向到斜面：单击绘图区域右侧的"控制盘"（SteeringWheels）图标，显示"全导航控制盘"工具，单击右下角的下拉三角箭头，从"控制盘"菜单中选择"定向到一个平面"命令，见图 9-13，在弹出的"选择方位平面"对话框中选择"拾取一个平面"，单击"确定"后，单击选择屋顶南立面坡面，三维视图自动定位到该坡面的正交视图。

③ 绘制洞口边界：选择绘制工具绘制洞口。

④ 单击"√"工具创建垂直于坡屋面的洞口，见图 9-14。

图 9-13　定向到斜面　　　　　　　　图 9-14　坡屋顶洞口

9.2.2　墙洞口

创建洞口：打开墙的立面或剖面视图，单击"建筑"选项卡下"洞口"面板的"墙洞口"工具。选择将作为洞口主体的墙，绘制一个矩形洞口。

修改洞口：选择要修改的洞口，可以使用拖曳控制柄修改洞口的尺寸和位置。也可以将洞口拖曳到同一面墙上的新位置，然后为洞口添加尺寸标注，如图 9-15 所示。

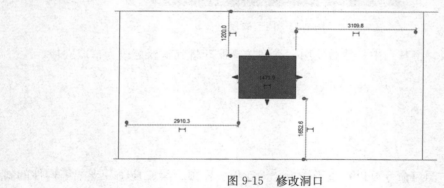

图 9-15　修改洞口

9.2.3　垂直洞口

可以设置一个贯穿屋顶、楼梯或天花板的垂直洞口。该垂直洞口垂直于标高，它不反射选定对象的角度。

单击"建筑"选项卡下"洞口"面板的"垂直洞口"命令，根据状态栏提示，绘制垂直洞口。见图 9-16。

9.2.4　竖井洞口

通过"竖井洞口"可以创建一个竖直的洞口，该洞口对屋顶、楼板和天花板进行剪切，见图 9-17。

单击"建筑"选项卡中"洞口"面板的"竖井洞口"命令，根据状态栏提示绘制洞口轮廓，并在"属性"选项板上对洞口的"底部偏移"、"无连接高度"、"底部限制条件"、"顶部约束"赋值。绘制完毕，点击"√完成编辑模式"，完成竖井洞口绘制。

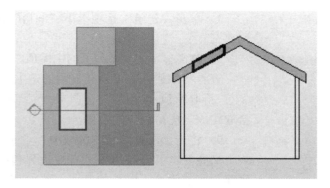

图 9-16　垂直洞口

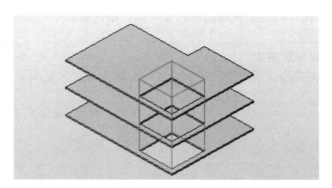

图 9-17　竖井洞口

9.2.5　老虎窗洞口

在屋顶上创建老虎窗洞口。

1）老虎窗的墙和屋顶图元见图 9-18。

2）使用"连接屋顶"工具将老虎窗屋顶连接到主屋顶。

注：在此任务中，请勿使用"连接几何图形"屋顶工具，否则会在创建老虎窗洞口时遇到错误。

3）打开一个可在其中看到老虎窗屋顶及附着墙的平面视图或立面视图，见图 9-19。如果此屋顶已拉伸，则打开立面视图。

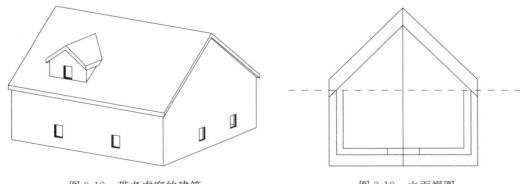

图 9-18　带老虎窗的建筑　　　　　　　　　图 9-19　立面视图

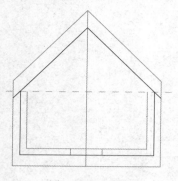

图 9-20　边界线

4）单击"建筑"选项卡下"洞口"面板中的"老虎窗洞口"。

5）高亮显示建筑模型上的主屋顶，然后单击以选择它。查看状态栏，确保高亮显示的是主屋顶。

"拾取屋顶/墙边缘"工具处于活动状态，使用户可以拾取构成老虎窗洞口的边界。

6）将光标放置到绘图区域中。

高亮显示了有效边界。有效边界包括连接的屋顶或其底面、墙的侧面、楼板的底面、要剪切的屋顶边缘或要剪切的屋顶面上的模型线，见图 9-20。

在此示例中，已选择墙的侧面和屋顶的连接面。请注意，不必修剪绘制线即可拥有有效边界。

7）单击"√完成编辑模式"。

8）创建穿过老虎窗的剖面视图，了解它如何剪切主屋顶，见图 9-21、图 9-22。

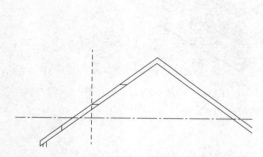

图 9-21　在屋顶中进行垂直剪切以及水平剪切

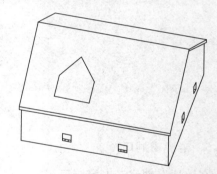

图 9-22　三维视图中的老虎窗洞口

第 10 章　楼梯扶手和坡道

10.1　楼梯

10.1.1　楼梯（按构件）

通过装配梯段、平台和支撑构件来创建楼梯。一个基于构件的楼梯包含梯段、平台、支撑和栏杆扶手。

梯段：直梯、螺旋梯段、U 形梯段、L 形梯段、自定义绘制的梯段。

平台：在梯段之间自动创建，通过拾取两个梯段，或通过创建自定义绘制的平台。

支撑（侧边和中心）：随梯段自动创建，或通过拾取梯段或平台边缘创建。

栏杆扶手：在创建期间自动生成，或稍后放置。

1. 创建楼梯梯段

可以使用单个梯段、平台和支撑构件组合楼梯。使用梯段构件工具可创建通用梯段、直梯、全踏步螺旋梯段、圆心-端点螺旋梯段、L 形斜踏步梯段、U 形斜踏步梯段分别见图 10-1。

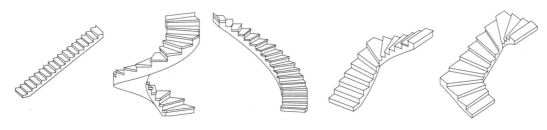

图 10-1　各种楼梯梯段

1）单击"建筑"选项卡下"楼梯坡道"面板"楼梯"下拉菜单-"楼梯（按构件）"命令。

2）在"构件"面板上，确认"梯段"处于选中状态。

3）在"绘制"面板中，选择一种绘制工具，默认绘制工具是"直梯"工具，还有全踏步螺旋、圆心-端点螺旋、L 形转角、U 形转角等工具。

4）在选项栏上：

• "定位线"参数，有三个选项：左、中心、右。若选择"左"，则梯段的绘制路径为梯段左边线，见图 10-2①；若选择"右"，则梯段的绘制路径为梯段右边线，见图 10-2②；若选择"中"，则

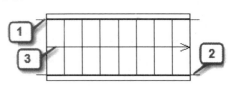

图 10-2　定位线

梯段的绘制路径为梯段中线，见图 10-2③。

• 对于"偏移"，为创建路径指定一个可选偏移值。例如，如果"偏移"值输入"100"，并且"定位线"为"中心"，则创建路径为向上楼梯中心线的右侧 100mm。负偏移在中心线的左侧。

• 默认情况下选中"自动平台"。如果创建到达下一楼层的两个单独梯段，Revit 会在这两个梯段之间自动创建平台。如果不需要自动创建平台，请清除此选项。

5）在"属性选项板"中，根据设计要求修改相应参数。

6）在"工具"选项板上，单击"栏杆扶手"工具。

在"栏杆扶手"对话框中，选择栏杆扶手类型，如果不想自动创建栏杆扶手，则选择"无"，在以后根据需要添加栏杆扶手（参见栏杆扶手章节）。

选择栏杆扶手所在的位置，有"踏板"和"梯边梁"选项，默认值是"踏板"。

单击"确定"。

注：在完成楼梯编辑部件模式之前，不会看到栏杆扶手。

7）根据所选的梯段类型（直梯、全踏步螺旋梯、圆心-端点螺旋梯等），按照状态栏提示，可创建各种类型的梯段。

8）在"模式"面板上，单击"√完成编辑模式"。

2. 创建楼梯平台

在楼梯部件的两个梯段之间创建平台。可以在梯段创建期间选择自动平台选项以自动创建连接梯段的平台。如果不选择此选项，则可以在稍后连接两个相关梯段，条件是：两个梯段在同一楼梯部件编辑任务中创建；一个梯段的起点标高或终点标高与另一梯段的起点标高或终点标高相同，见图 10-3。

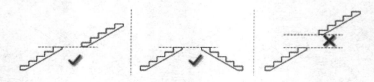

图 10-3　三种条件下创建楼梯平台的可能性

1）确认在楼梯部件编辑模式下。如果需要，选择楼梯，然后在"编辑"面板上，单击"编辑楼梯"。

2）在"构件"面板上，单击"平台"。

3）在"绘制"库中，单击"拾取两个梯段"。

4）选择第一个梯段。

5）选择第二个梯段，将自动创建平台以连接这两个梯段。

6）在"模式"面板上，单击"√完成编辑模式"。

3. 创建支撑构件

通过拾取梯段或平台边缘创建侧支撑。使用"支撑"工具可以将侧支撑添加到基于构件的楼梯。可以选择各个梯段或平台边缘，或使用 Tab 键以高亮显示连续楼梯边界。

1）打开平面视图或三维视图。

2）要为现有梯段或平台创建支撑构件，请选择楼梯，并在"编辑"面板上单击"编辑楼梯"。

3）楼梯部件编辑模式将处于活动状态。

4）单击"修改｜创建楼梯"选项卡下"构件"面板-"支座"。

5）在绘制库中，单击"拾取边缘"。

6）将光标移动到要添加支撑的梯段或平台边缘上，并单击以选择边缘。

注：支撑不能重复添加。若已经在楼梯的类型属性中定义了相应的"右侧支撑"、"左侧支撑"和"支撑类型"属性，则只能先删除该支撑，再通过"拾取边缘"添加支撑。

7）（可选）选择其他边缘以创建另一个侧支撑。

连续支撑将通过斜接连接自动连接在一起。

注：要选择楼梯的整个外部或内部边界，请将光标移到边缘上，按 Tab 键，直到整个边界被高亮显示，然后单击以将其选中。在这种情况下，将通过斜接连接创建平滑支撑。

8）单击"√完成编辑模式"。

10.1.2 楼梯（按草图）

可通过定义楼梯梯段或绘制踢面线和边界线，在平面视图中创建楼梯。

1. 通过绘制梯段创建楼梯

1）绘制单跑楼梯

打开平面视图或三维视图。

单击"建筑"选项卡下"楼梯坡道"面板的"楼梯"下拉列表-"楼梯（按草图）"。

默认情况下，"修改｜创建楼梯草图"选项卡下"绘制"面板的"梯段"命令处于选中状态，"线"工具也处于选中状态。如果需要，在"绘制"面板上选择其他工具。

根据状态栏提示，单击以开始绘制梯段，见图 10-4。

图 10-4　开始绘制梯段

单击以结束绘制梯段，见图 10-5。

图 10-5　结束绘制梯段

（可选）指定楼梯的栏杆扶手类型。

单击"√完成编辑模式"。

2）创建带平台的多跑楼梯

单击"建筑"选项卡下"楼梯坡道"面板"楼梯"下拉列表-"楼梯（按草图）"。

单击"修改｜创建楼梯草图"选项卡下"绘制"面板中"梯段"命令。

默认情况下，"线"工具处于选中状态。如果需要，请在"绘制"面板上选择其他工具。

单击以开始绘制梯段。

在达到所需的踢面数后，单击以定位平台。

沿延伸线拖曳光标，然后单击以开始绘制剩下的踢面。

单击以完成剩下的踢面。

单击"√完成编辑模式"。

绘制样例见图 10-6。

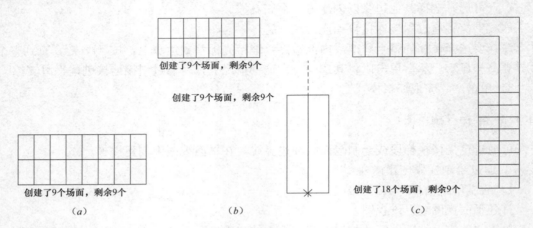

创建了9个场面，剩余9个

创建了9个场面，剩余9个

创建了9个场面，剩余9个

创建了18个场面，剩余9个

(a)　　　　　　(b)　　　　　　(c)

图 10-6　带平台的多跑楼梯绘制过程

(a) 第 1 跑楼梯草图；(b) 第 2 跑楼梯草图；(c) 完成的草图

2. 通过绘制边界和踢面线创建楼梯

可以通过绘制边界和踢面来定义楼梯，而不是让 Revit 自动计算楼梯梯段。绘制边界线和踢面线的步骤如下：

打开平面视图或三维视图。

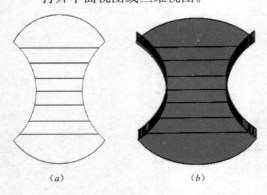

(a)　　　　　　(b)

图 10-7　使用边界和踢面工具绘制楼梯

(a) 使用边界和踢面工具绘制的楼梯草图；

(b) 绘制完的楼梯三维视图

单击"建筑"选项卡下"楼梯坡道"面板中"楼梯"下拉列表-"楼梯（按草图）"命令。

单击"修改｜创建楼梯草图"选项卡下"绘制"面板的"边界"工具。

使用其中一种绘制工具绘制边界。

单击"踢面"。

使用其中一种绘制工具绘制踢面。

（可选）指定楼梯的栏杆扶手类型。

单击"√完成编辑模式"。楼梯绘制完毕，Revit 将生成楼梯，并自动应用栏杆扶手。

绘制样例见图 10-7。

3. 创建螺旋楼梯

打开平面视图或三维视图。

　　单击"建筑"选项卡下"楼梯坡道"面板的"楼梯"下拉列表-"楼梯（按草图）"命令。

　　单击"修改｜创建楼梯草图"选项卡下"绘制"面板-"圆心-端点弧"命令。

　　在绘图区域中，单击以选择螺旋楼梯的中心点。

　　单击起点。

　　单击终点以完成螺旋楼梯。

　　单击√"完成编辑模式"。

　　绘制样例见图 10-8。

　　4. 创建弧形楼梯平台

　　如果绘制了具有相同中心和半径值的弧形梯段，可以创建弧形楼梯平台。

　　绘制样例见图 10-9。

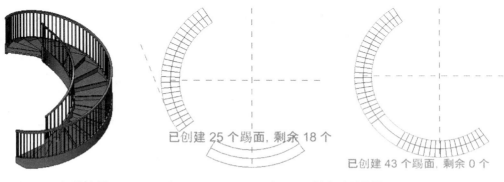

图 10-8　螺旋楼梯　　　　　　　　图 10-9　创建弧形楼梯

10.1.3　编辑楼梯

　　1. 边界以及踢面线和梯段线

　　可以修改楼梯的边界、踢面线和梯段线，从而将楼梯修改为所需的形状。例如，可选择梯段线并拖拽此梯段线，以添加或删除踢面。

　　1）修改一段楼梯

　　选择楼梯。

　　单击"修改｜楼梯"选项卡下"模式"面板中的"编辑草图"工具。

　　单击"修改｜楼梯＞编辑草图"选项卡下"绘制"面板，选择适当的绘制工具进行修改。

　　2）修改使用边界线和踢面线绘制的楼梯

　　选择楼梯，然后使用绘制工具更改迹线。修改楼梯的实例和类型参数以更改其属性。

　　3）带有平台的楼梯栏杆扶手

　　如果通过绘制边界线和踢面线创建的楼梯包含平台，请在边界线与平台的交汇处拆分边界线，以便栏杆扶手将准确地沿着平台和楼梯坡度。

　　选择楼梯，然后单击"修改｜创建楼梯草图"选项卡下"修改"面板的"拆分"工具。

　　在与平台交汇处拆分边界线，见图 10-10。

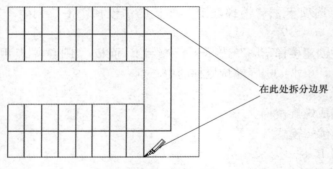

图 10-10　拆分边界

2. 修改楼梯栏杆扶手

1）修改栏杆扶手

选择栏杆扶手。如果处于平面视图中，则使用 Tab 键可能有助于选择栏杆扶手。

提示：在三维视图中修改栏杆扶手，可以使选择更容易，且能更好地查看所作的修改。

在"属性"选项板上根据需要修改栏杆扶手的实例属性，或者单击"编辑类型"以修改类型属性。

要修改栏杆扶手的绘制线，请单击"修改｜栏杆扶手"选项卡下"模式"面板的"编辑路径"工具。

按照需要编辑所选线。由于正处于草图模式，因此可以修改所选线的形状以符合设计要求。栏杆扶手线可由连接直线和弧段组成，但无法形成闭合环。通过拖曳蓝色控制柄可以调整线的尺寸。可以将栏杆扶手线移动到新位置，如楼梯中央。无法在同一个草图任务中绘制多个栏杆扶手。对于所绘制的每个栏杆扶手，必须首先完成草图，然后才能绘制另一个栏杆扶手。

2）延伸楼梯栏杆扶手

如果要延伸楼梯栏杆扶手（例如，从梯段延伸至楼板），则需要拆分栏杆扶手线，从而使栏杆扶手改变其坡度并与楼板正确相交，见图 10-11、图 10-12。

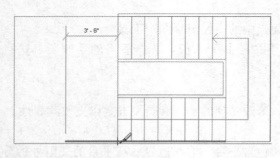

图 10-11　拆分栏杆扶手线边界

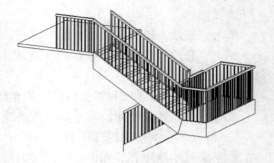

图 10-12　延伸栏杆扶手的完成效果图

3. 移动楼梯标签

使用以下三种方法中的任何一种，可以拖曳在含有一段楼梯的平面视图中显示的"向上"或"向下"标签。

1）方法 1

将光标放在楼梯文字标签上。此时标签旁边会显示拖曳控制柄。拖曳此控制柄以移动标签。

2）方法 2

选择楼梯梯段。此时会显示蓝色的拖曳控制柄。拖曳此控制柄以移动标签。

3）方法 3

高亮显示整个楼梯梯段，并按 Tab 键选择造型操纵柄。按 Tab 键时观察状态栏，直至状态栏指示造型操纵柄已高亮显示为止。拖曳标签到一个新位置。

4. 修改楼梯方向

可以在完成楼梯草图后，修改楼梯的方向。在项目视图中选择楼梯，单击蓝色翻转控制箭头。

10.2　栏杆和扶手

10.2.1　栏杆和扶手

1）单击"建筑选项卡"下"楼梯坡道"面板中的"栏杆扶手"命令。

若不在绘制扶手的视图中，将提示拾取视图，从列表中选择一个视图，并单击"打开视图"。

2）要设置扶手的主体，可单击"修改｜创建扶手路径"选项卡下"工具"面板的"拾取新主体"命令，并将光标放在主体（例如楼板或楼梯）附近。在主体上单击以选择它。

3）在"绘制面板"绘制扶手。

如果您正在将扶手添加到一段楼梯上，则必须沿着楼梯的内线绘制扶手，以使扶手可以正确承载和倾斜。

4）在"属性"选项板上根据需要对实例属性进行修改，或者单击"编辑类型"以访问并修改类型属性。

5）单击"√完成编辑模式"。

10.2.2　编辑扶手

1. 修改扶手结构

1）在"属性选项板"上，单击"编辑类型"。

2）在"类型属性"对话框中，单击与"扶手结构"对应的"编辑"。在"编辑扶手"对话框中，能为每个扶手指定的属性有高度、偏移、轮廓和材质。

3）要另外创建扶手，可单击"插入"。输入新扶手的名称、高度、偏移、轮廓和材质属性。

4）单击"向上"或"向下"以调整扶手位置。

5）完成后，单击"确定"。

2. 修改扶手连接

1）打开扶手所在的平面视图或三维视图。

2）选择扶手，然后单击"修改|扶手"选项卡下"模式"面板的"编辑路径"命令。

3）单击"修改|扶手＞编辑路径"选项卡下"工具"面板的"编辑连接"命令。

4）沿扶手的路径移动光标。当光标沿路径移动到连接上时，此连接的周围将出现一个框。

5）单击以选择此连接。选择此连接后，此连接上会显示 X。

6）在"选项栏"上，为"扶手连接"选择一个连接方法。有"延伸扶手使其相交"、"插入垂直/水平线段"、"无连接件"等选项，见图 10-13。

7）单击"√完成编辑模式"。

图 10-13　扶栏连接类型

3. 修改扶手高度和坡度

1）选择扶手，然后单击"修改|扶手"选项卡下"模式"面板"编辑路径"。

2）选择扶手绘制线。

在"选项栏"上，"高度校正"的默认值为"按类型"，这表示高度调整受扶手类型控制；也可选择"自定义"作为"高度校正"，在旁边的文本框中输入值。

3）在"选项栏"的"坡度"选择中，有"按主体"、"水平"、"带坡度"三种选项。

• 按主体。扶手段的坡度与其主体（例如楼梯或坡道）相同，见图 10-14（a）。

• 水平。扶手段始终呈水平状。对于图 10-14（b）中类似的扶手，需要进行高度校正或编辑扶手连接，从而在楼梯拐弯处连接扶手。

• 倾斜。扶手段呈倾斜状，以便与相邻扶手段实现不间断的连接，见图 10-14（c）。

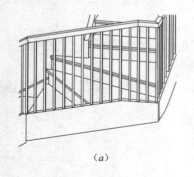
（a）

（b）

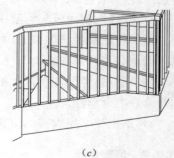
（c）

图 10-14　不同坡度选择的楼梯

10.2.3　编辑栏杆

1）在平面视图中，选择一个扶手。

2）在"属性"选项板上，单击"编辑类型"。

3）在"类型属性"对话框中，单击"栏杆位置"对应的"编辑"。

注意对类型属性所做的修改会影响项目中同一类型的所有扶手。可以单击"复制"以创建新的扶手类型。

4）在弹出的"编辑栏杆位置"对话框中，上部为"主样式"框，见图 10-15。

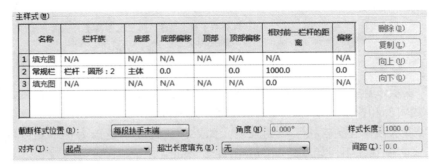

图 10-15　栏杆主样式

"主样式"框内的参数如下：

• "栏杆族"，如表 10-1 所示。

"栏杆族"	表 10-1
执行的选项	解释
选择"无"	显示扶手和支柱，但不显示栏杆
在列表中选择一种栏杆	使用图纸中的现有栏杆族

• "底部"

指定栏杆底端的位置：扶手顶端、扶手底端或主体顶端。主体可以是楼层、楼板、楼梯或坡道。

• "底部偏移"

栏杆的底端与"底部"之间的垂直距离为负值或正值。

• "顶部"（参见"底部"选项）

指定栏杆顶端的位置（常为"顶部栏杆图元"）。

• "顶部偏移"

栏杆的顶端与"顶部"之间的垂直距离为负值或正值。

• "相对前一栏杆的距离"

样式起点到第一个栏杆的距离，或（对于后续栏杆）相对于样式中前一栏杆的距离。

• "偏移"

栏杆相对于扶手绘制路径内侧或外侧的距离。

• "截断样式位置"选项

扶手段上的栏杆样式中断点，见表 10-2。

"截断样式位置"选项	表 10-2
执行的选项	解释
选择"每段扶手末端"	栏杆沿各扶手段长度展开
选择"角度大于"，然后输入一个"角度"值	如果扶手转角（转角是在平面视图中进行测量的）等于或大于此值，则会截断样式并添加支柱。一般情况下，此值保持为 0。在扶手转角处截断，并放置支柱

续表

执行的选项	解释
选择"从不"	栏杆分布于整个扶手长度。无论扶手有任何分离或转角，始终保持不发生截断

* 指定"对齐"

"起点"表示该样式始自扶手段的始端。如果样式长度不是恰为扶手长度的倍数，则最后一个样式实例和扶手段末端之间则会出现多余间隙。

"终点"表示该样式始自扶手段的末端。如果样式长度不是恰为扶手长度的倍数，则最后一个样式实例和扶手段始端之间则会出现多余间隙。

"中心"表示第一个栏杆样式位于扶手段中心，所有多余间隙均匀分布于扶手段的始端和末端。

注：如果选择了"起点"、"终点"或"中心"，则在"超出长度填充"栏中选择栏杆类型。

"展开样式以匹配"表示沿扶手段长度方向均匀扩展样式。不会出现多余间隙，且样式的实际位置值不同于"样式长度"中指示的值。

5）选择"楼梯上每个踏板都使用栏杆"，见图 10-16，指定每个踏板的栏杆数，指定楼梯的栏杆族。

图 10-16　栏杆数

6）在"支柱"框中，对栏杆"支柱"进行修改，见图 10-17。

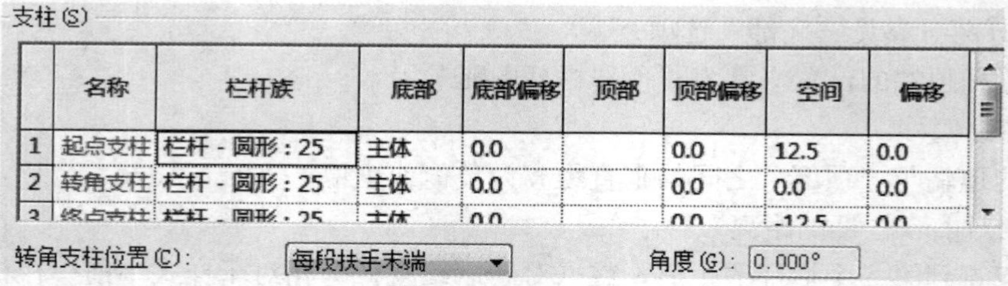

支柱(S)

	名称	栏杆族	底部	底部偏移	顶部	顶部偏移	空间	偏移
1	起点支柱	栏杆 - 圆形：25	主体	0.0		0.0	12.5	0.0
2	转角支柱	栏杆 - 圆形：25	主体	0.0		0.0	0.0	0.0
3	终点支柱	栏杆 - 圆形：25	主体	0.0		0.0	-12.5	0.0

转角支柱位置(C)：　每段扶手末端　　　　角度(G)：0.000°

图 10-17　支柱参数

"支柱"框内的参数如下：

* "名称"

栏杆内特定主体的名称。

* "栏杆族"

指定起点支柱族、转角支柱族和终点支柱族。如果不希望在扶手起点、转角或终点处出现支柱，请选择"无"。

* "底部"

指定支柱底端的位置：扶手顶端、扶手底端或主体顶端。主体可以是楼层、楼板、楼梯或坡道。

● "底部偏移"

支柱底端与基面之间的垂直距离为负值或正值。

● "顶部"

指定支柱顶端的位置（常为扶手）。各值与基面各值相同。

● "顶部偏移"

支柱顶端与顶之间的垂直距离为负值或正值。

● "空间"

需要相对于指定位置向左或向右移动支柱的距离。例如，对于起始支柱，可能需要将其向左移动 0.1m，以使其与扶手对齐。在这种情况下，可以将间距设置为 0.1m。

● "偏移"

栏杆相对于扶手路径内侧或外侧的距离。

● "转角支柱位置"选项（参见"截断样式位置"选项）

指定扶手段上转角支柱的位置。

● "角度"

此值指定添加支柱的角度。如果"转角支柱位置"的选择值是"角度大于"，则使用此属性。

7）修改完上述内容后，单击"确定"。

10.3　坡道

10.3.1　直坡道

1）打开平面视图或三维视图。

2）单击"建筑"选项卡中"楼梯坡道"面板的"坡道"工具，进入草图绘制模式。

3）在属性选项板中修改坡道属性。

4）单击"修改｜创建坡道草图"选项卡下"绘制面板"中的"梯段"工具，默认值是通过"直线"命令，绘制"梯段"，见图 10-18。

5）将光标放置在绘图区域中，并拖曳光标绘制坡道梯段。

6）单击"√完成编辑模式"。

创建的坡道样例见图 10-19。

提示：（1）绘制坡道前，可先绘制"参考平面"对坡道的起跑为直线、休息平台位置、坡道宽度位置等进行定位。（2）可将坡道属性选项板中的"顶部标高"设置为当前的标高，并将"顶部偏移"设置为坡道的高度。

图 10-18　绘制面板

图 10-19　创建的坡道

10.3.2 螺旋坡道与自定义坡道

1）单击"建筑"选项卡下"楼梯坡道"面板中"坡道"工具，进入草图绘制模式。

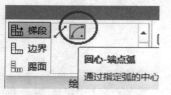

圆心-端点弧

通过指定弧的中心

图 10-20 圆心-端点弧绘制工具

2）在属性选项板中修改坡道属性。

3）单击"修改｜创建坡道草图"选项卡下"绘制面板"中的"梯段"命令，选择"圆心-端点弧"命令，绘制"梯段"，见图 10-20。

4）在绘图区域，根据状态栏提示绘制弧形坡道。

5）单击"√完成编辑模式"。

10.3.3 编辑坡道

1. 编辑坡道

在平面或三维视图中选择坡道，单击"修改｜坡道"选项卡下"模式"面板中的"编辑草图"命令，对坡道进行编辑。

2. 修改坡道类型

1）在草图模式中修改坡道类型：在"属性选项板"上单击"编辑类型"，在弹出的"类型属性"对话框中，选择不同的坡道类型作为"类型"。

2）在项目视图中修改坡道类型：在平面或三维视图中选择坡道，在类型选择器中，从下拉列表中选择所需的坡道类型。

3. 修改坡道属性

在"属性选项板"上修改相应参数的值，来修改坡道的"实例属性"。

请在"属性选项板"上，单击"编辑类型"，来修改坡道的"实例属性"。

4. 扶手类型

在草图模式，单击"工具"面板的"栏杆扶手"命令。在"扶手类型"对话框中，选择项目中现有扶手类型之一，或者选择"默认"来添加默认扶手类型，或者选择"无"来指定不添加任何扶手。如果选择"默认值"，则 Revit Architecture 将使用激活"扶手"工具，然后选择"扶手属性"时显示的扶手类型。通过在"类型属性"对话框中选择新的类型，可以修改默认的扶手。

第11章 体 量

11.1 体量简介

使用形状描绘建筑模型的概念，从而探索设计理念。

抽象表示项目的阶段。

通过将计划的建筑体量与分区外围和楼层面积比率进行关联，可视化和数字化研究分区遵从性。

从带有可完全控制图元类别、类型和参数值的体量实例开始，生成楼板、屋顶、幕墙系统和墙。在体量更改时完全控制这些图元的再生成。

体量可以在项目内部（内建体量）或项目外部（可载入体量族）创建。

内建体量：用于表示项目独特的体量形状。

可载入体量族（新建概念体量族）：在一个项目中放置体量的多个实例或者在多个项目中使用体量族时，通常使用可载入体量族。

要创建内建体量和可载入体量族，需要使用概念设计环境。

概念设计环境：一类族编辑器，可以使用内建和可载入族体量图元来创建概念设计。

概念体量的工作流程：

在大多数情况下，概念体量会经过多次迭代，才能满足所需的项目要求。

（1）使用"体量或常规模型自适应"样板打开新的族。

（2）绘制点、线和将构成三维形状的二维形状。

（3）将二维几何图形拉伸至形状。

（4）（可选）分割形状表面以准备构件的形状。

（5）（可选）应用参数化构件。

（6）载入概念体量到项目中。

11.2 创建概念体量模型

11.2.1 创建体量模型的方法

创建体量模型的方法主要有两种，一是内建体量，二是新建概念体量族。

1. 内建体量

建特定于当前项目上下文的体量。此体量不能在其他项目中重复使用。

（1）单击"体量和场地"选项卡▶"概念体量"面板 ⟁（内建体量）。

（2）输入内建体量族的名称，然后单击"确定"。

应用程序窗口显示概念设计环境。

（3）使用"绘制"面板上的工具创建所需的形状。

（4）完成后，单击"完成体量"。

2．新建概念体量族

使用概念设计环境来创建概念体量或填充图案构件。选择样板以提供起点。

（1）单击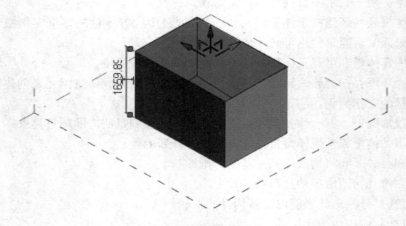"新建" ➤ "概念体量"。

（2）在"新建概念体量"对话框中，选择"体量.rft"，然后单击"打开"。

11.2.2 创建体量形状的方法

创建形状以研究包含拉伸、旋转、融合和放样的建筑概念。

形状创建的过程：

使用"创建形状"工具创建实心几何图形。

（1）在"创建"选项卡 "绘制"面板，选择一个绘图工具。

（2）单击绘图区域，然后绘制一个闭合环。

（3）选择闭环。

（4）单击"修改｜线"选项卡 ➤ "形状"面板 （创建形状）。将创建一个实心形状
拉伸，见图 11-1。

图 11-1　创建体量形状

（5）（可选）单击"修改｜形状图元"选项卡 ➤ "形状"面板 （空心形状），以将该
形状转换为空心形状。

可用于产生形状的线类型：

线、参照线、由点创建的线、导入的线、另一个形状的边、来自已载入族的线或边。

1．拉伸创建形状的方法

1）创建表面形状

从线或几何图形边创建表面形状。

在概念设计环境中，表面要基于开放的线或边（而非闭合轮廓）创建。

（1）在绘图区域中选择模型线、参照线或几何图形的边，见图 11-2。

（2）单击"修改｜线"选项卡 ➤ "形状"面板 （创建形状）。线或边将拉伸成为表
面，见图 11-3。

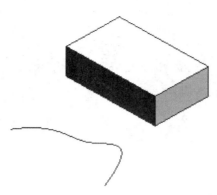

图 11-2　选择线或边

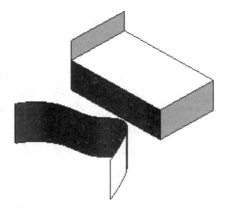

图 11-3　创建形状

注：绘制闭合的二维几何图形时，在选项栏上选择"根据闭合的环生成表面"以自动绘制表面形状。

2）创建几何形状

（1）在绘图区域中选择闭合的模型轮廓线、参照线或几何图形的轮廓边或面，见图 11-4。

（2）单击"修改｜线"选项卡▶"形状"面板 （创建形状）。线或边将拉伸成为几何形状，见图 11-5。

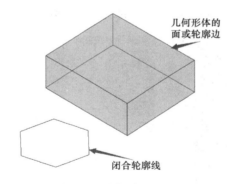

图 11-4　选择线、边、面

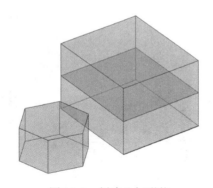

图 11-5　创建几何形状

2. 旋转创建形状的方法

从线和共享工作平面的二维轮廓来创建旋转形状。旋转中的线用于定义旋转轴，二维形状绕该轴旋转后形成三维形状。

（1）在某个工作平面上绘制一条线。

（2）在同一工作平面上邻近该线绘制一个闭合轮廓。

注：可以使用未构成闭合环的线来创建表面旋转。

（3）选择线和闭合轮廓，见图 11-6。

（4）单击"修改｜线"选项卡▶"形状"面板 （创建形状），见图 11-7。

（5）（可选）若要打开旋转，请选择旋转轮廓的外边缘，见图 11-8。

提示：使用透视模式有助于识别边缘。

（6）将橙色控制箭头拖曳到新位置，或者在属性栏里精确设置旋转角度，见图 11-9。

图 11-6　选择线和闭合轮廓

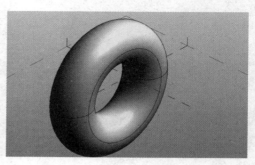

图 11-7　创建形状

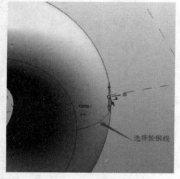

图 11-8　打开旋转

3. 放样创建形状的方法

从线和垂直于线绘制的二维轮廓创建放样形状。

放样中的线定义了放样二维轮廓来创建三维形态的路径。轮廓由线处理组成，线处理垂直于用于定义路径的一条或多条线而绘制。

如果轮廓是基于闭合环生成的，可以使用多分段的路径来创建放样。如果轮廓不是闭合的，则不会沿多分段路径进行放样。如果路径是一条线构成的段，则使用开放的轮廓创建扫描。

（1）绘制一系列连在一起的线来构成路径，见图 11-10。

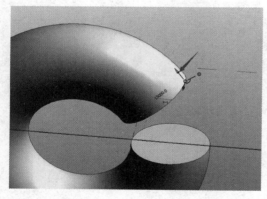

图 11-9　设置参数

（2）单击"创建"选项卡➤"绘制"面板 （点图元），然后沿路径单击以放置参照点，见图 11-11。

（3）选择参照点。工作平面将显示出来，见图 11-12。

（4）在工作平面上绘制一个闭合轮廓，见图 11-13。

（5）选择线和轮廓。

（6）单击"修改｜线"选项卡➤"形状"面板 （创建形状），见图 11-14。

4. 融合创建形状的方法

通过单独工作平面上绘制的两个或多个二维轮廓来创建放样形状。

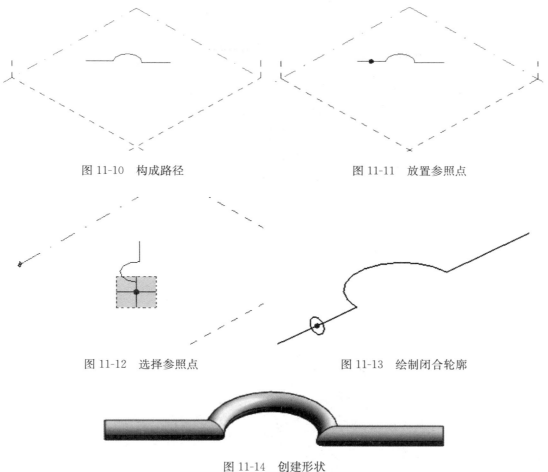

图 11-10　构成路径　　　　　　　　　　图 11-11　放置参照点

图 11-12　选择参照点　　　　　　　　　图 11-13　绘制闭合轮廓

图 11-14　创建形状

生成放样几何图形时，轮廓可以是开放的，也可以是闭合的。

（1）在某个工作平面上绘制一个闭合轮廓，见图 11-15。

（2）选择其他工作平面，见图 11-16。

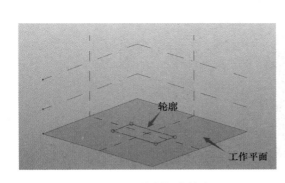

图 11-15　绘制闭合轮廓

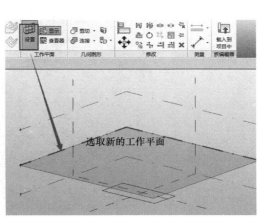

图 11-16　选择工作平面

（3）绘制新的闭合轮廓，见图 11-17。

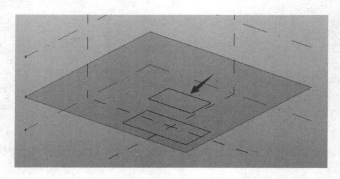

图 11-17　绘制新的闭合轮廓

（4）在保持每个轮廓都在唯一工作平面的同时，重复步骤 2 到步骤 3。

（5）选择所有轮廓，见图 11-18。

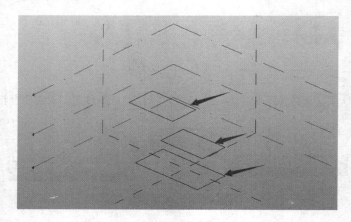

图 11-18　选择所有轮廓

（6）单击"修改｜线"选项卡➤"形状"面板 （创建形状），见图 11-19。

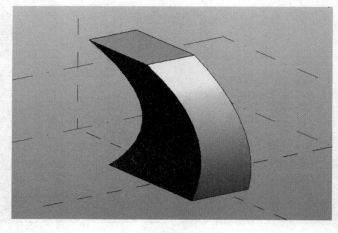

图 11-19　创建形状

5. 放样融合创建形状的方法

从垂直于线绘制的线和两个或多个二维轮廓创建放样融合形状。

放样融合中的线定义了放样并融合二维轮廓来创建三维形状的路径。轮廓由线处理组成，线处理垂直于用于定义路径的一条或多条线而绘制。

与放样形状不同，放样融合无法沿着多段路径创建。但是轮廓可以打开、闭合或是两者的组合。

（1）绘制线以形成路径，见图 11-20。

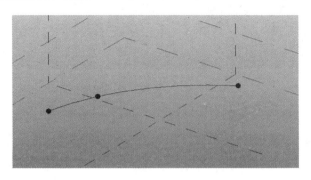

图 11-20　绘制线

（2）单击"创建"选项卡➤"绘制"面板●（点图元），然后沿路径放置放样融合轮廓的参照点，见图 11-21。

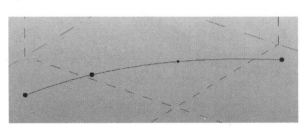

图 11-21　放置参照点

（3）选择一个参照点并在其工作平面上绘制一个闭合轮廓，见图 11-22。

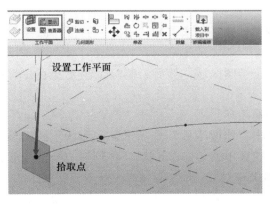
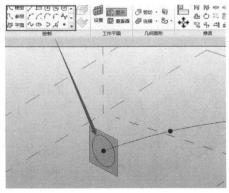

图 11-22　绘制闭合轮廓

（4）绘制其余参照点的轮廓，见图11-23。

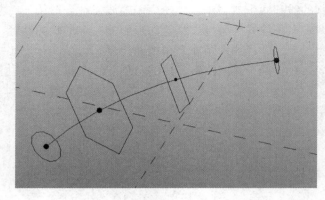

图 11-23　绘制参照点的轮廓

（5）选择路径和轮廓。

单击"修改｜线"选项卡➤"形状"面板（创建形状），见图11-24。

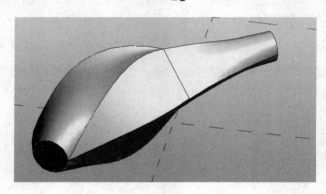

图 11-24　创建形状

6. 创建空心形状的方法

用"创建空心形状"工具来创建负几何图形（空心）以剪切实心几何图形。

创建空心形状的基本方法和创建实心形状的基本方法一样，只是在创建形状面板下选择空心形状。

图 11-25　创建空心形状拉伸

（1）在"创建"选项卡➤"绘制"面板，选择一个绘图工具。

（2）单击绘图区域，然后绘制一个相交实心几何图形的闭合环。

（3）选择闭环。

（4）单击"修改｜线"选项卡➤"形状"面板 "创建形状"下拉菜单（空心形状）。将创建一个空心形状拉伸，见图11-25。

（5）（可选）单击"修改｜形状图元"选项卡➤"形状"面板（实心形状），以将该形状转换为实心形状。

11.3　体量模型的修改和编辑

11.3.1　向形状中添加边

添加边来更改形状的几何图形。

（1）选择形状并在透视模式中查看形状的所有图元，见图 11-26。

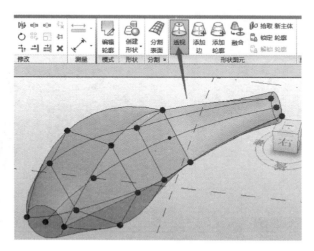

图 11-26　选择透视模式

（2）单击"修改 | 形状图元"选项卡➤"修改形状"面板 （添加边）。

（3）将光标移动到形状上方，以显示边的预览图像，然后单击添加边，见图 11-27。

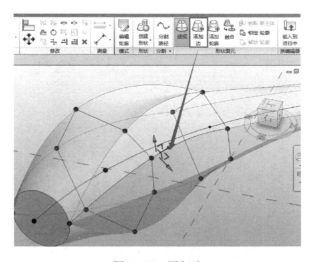

图 11-27　添加边

注：边与形状的纵断面中心平行，而该形状则与绘制时所在的平面垂直。要在形状顶部添加一条边，请在垂直参照平面上创建该形状。

边显示在沿形状轮廓周边的形状上，并与拉伸的轨迹中心线平行。

（4）选择边。

（5）单击三维控制箭头操纵该边，见图 11-28。

几何图形会根据新边的位置进行调整，见图 11-29。

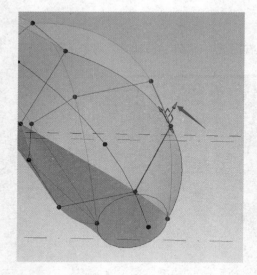

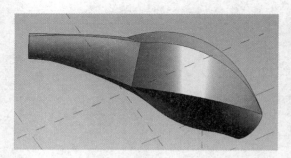

图 11-28　三维控制箭头　　　　　　　　　图 11-29　位置调整

11.3.2　向形状中添加轮廓

添加轮廓，并使用它直接操纵概念设计中形状的几何图形。

（1）选择一个形状。

（2）单击"修改｜形状图元"选项卡➤"形状图元"面板 （透视），见图 11-30。

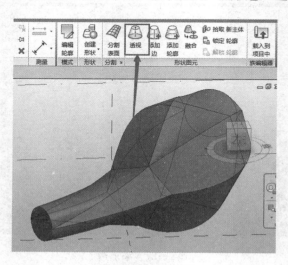

图 11-30　透视功能

（3）单击"修改｜形状图元"选项卡➤"形状图元"面板 （添加轮廓），见图 11-31。

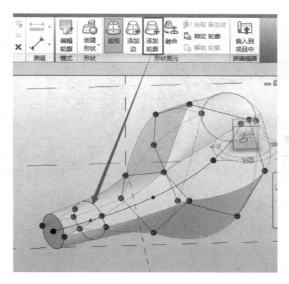

图 11-31　添加轮廓

（4）将光标移动到形状上方，以预览轮廓的位置。单击以放置轮廓。

生成的轮廓平行于最初创建形状的几何图元，垂直于拉伸的轨迹中心线。

（5）修改轮廓形状来更改形状，见图 11-32。

（6）当完成表格选择后，单击"修改｜形状图元"选项卡➤"形状图元"面板 （透视），见图 11-33。

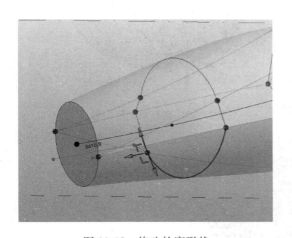

图 11-32　修改轮廓形状

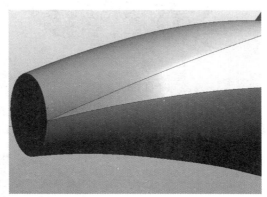

图 11-33　透视效果

11.3.3　修改编辑体量

编辑形状的源几何图形来调整其形状。

（1）选择一个形状，见图 11-34。

（2）单击"修改｜形状图元"选项卡➤"形状图元"面板 （透视）。

形状会显示其几何图形和节点，见图 11-35。

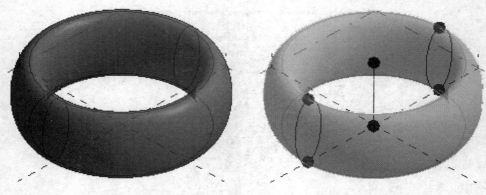

图 11-34 选择形状   图 11-35 透视功能

（3）选择形状和三维控件显示的任意图元以重新定位节点和线。

也可以在透视模式中添加和删除轮廓、边和顶点。如有必要，请重复按 Tab 键以高亮显示可选择的图元，见图 11-36。

（4）重新调整源几何图形以调整形状。

在此示例中，将修改一个节点，见图 11-37。

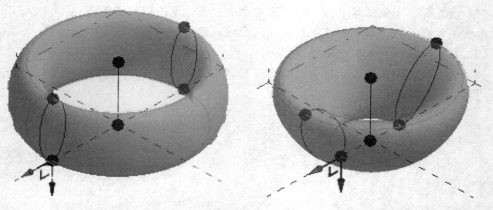

图 11-36 选择图元   图 11-37 调整源几何图形

（5）完成后，请选择形状并单击"修改｜形状图元"选项卡➤"形状图元"面板
（透视）以返回到默认的编辑模式，见图 11-38。

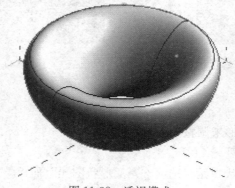

图 11-38 透视模式

11.4　体量研究

体量创建后可以自动计算出体量的总体积、总面积和总楼层面积。

在体量实例属性栏可以查看这些数据，见图 11-39。

图 11-39　属性对话框

11.5　基于体量创建设计模型

可以从体量实例、常规模型、导入的实体和多边形网格的面创建建筑图元。

包括墙、楼板、幕墙及屋顶，见图 11-40。

11.5.1　基于体量面创建墙

使用"面墙"工具，通过拾取线或面从体量实例创建墙。此工具将

图 11-40　面模型

墙放置在体量实例或常规模型的非水平面上。

使用"面墙"工具创建的墙不会自动更新。要更新墙，请使用"更新到面"工具。

从体量面创建墙步骤如下：

（1）打开显示体量的视图。

（2）单击"体量和场地"选项卡 ▶ "面模型"面板▶ □ （面墙），见图 11-41。

（3）在类型选择器中，选择一个墙类型。

（4）在选项栏上，选择所需的标高、高度、定位线的值。

（5）移动光标以高亮显示某个面。

（6）单击以选择该面，创建墙体，见图 11-42。

11.5.2　基于体量面创建楼板幕墙系统

使用"面幕墙系统"工具在任何体量面或常规模型面上创建幕墙系统。

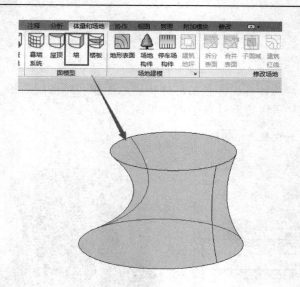

图 11-41　体量和场地选项卡

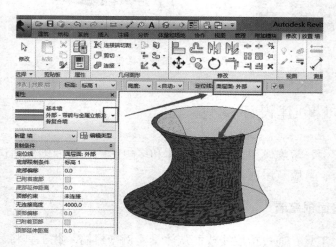

图 11-42　创建墙体

幕墙系统没有可编辑的草图。如果需要关于垂直体量面的可编辑的草图，请使用幕墙。

注：无法编辑幕墙系统的轮廓。如果要编辑轮廓，请放置一面幕墙。

1. 从体量面创建幕墙系统

（1）打开显示体量的视图。

（2）单击"体量和场地"选项卡▶"面模型"面板▶□（面幕墙系统）。

（3）在类型选择器中，选择一种幕墙系统类型。

使用带有幕墙网格布局的幕墙系统类型。

（4）（可选）要从一个体量面创建幕墙系统，请单击"修改｜放置面幕墙系统"选项卡▶"多重选择"面板▶□（选择多个）以禁用它。（默认情况下，处于启用状态），见图 11-43。

（5）移动光标以高亮显示某个面。

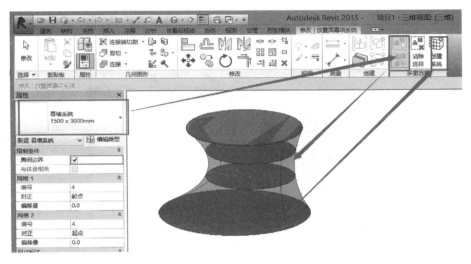

图 11-43　修改│放置面幕墙系统选项卡

（6）单击以选择该面。

如果已清除"选择多个"选项，则会立即将幕墙系统放置到面上。

（7）如果已启用"选择多个"，请按如下操作选择更多体量面：

① 单击未选择的面以将其添加到选择中。单击所选的面以将其删除。

光标将指示是正在添加（＋）面还是正在删除（－）面。

提示：将拾取框拖曳到整个形状上，将整体生成幕墙系统。

② 要清除选择并重新开始选择，请单击"修改│
放置面幕墙系统"选项卡 ➤ "多重选择"面板 ➤ ⬛✕
（清除选择）。

③ 在所需的面处于选中状态下，单击"修改│放
置面幕墙系统"选项卡 ➤ "多重选择"面板 ➤ "创建
面幕墙"，见图 11-44。

11.5.3　基于体量面创建楼板

要从体量实例创建楼板，请使用"面楼板"工具
或"楼板"工具。

要使用"面楼板"工具，请先创建体量楼层。体
量楼层在体量实例中计算楼层面积。

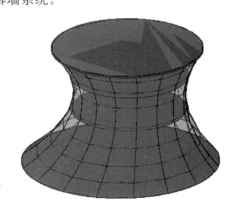

图 11-44　面幕墙

从体量楼层创建楼板的步骤：

（1）打开显示概念体量模型的视图，选择体量创建体量楼层，见图 11-45。

（2）单击"体量和场地"选项卡 ➤ "面模型"面板 🗐（面楼板）。

（3）在类型选择器中，选择一种楼板类型。

（4）（可选）要从单个体量面创建楼板，请单击"修改│放置面楼板"选项卡 ➤ "多
重选择"面板 ⬛✕（选择多个）以禁用此选项（默认情况下，处于启用状态）。

（5）移动光标以高亮显示某一个体量楼层。

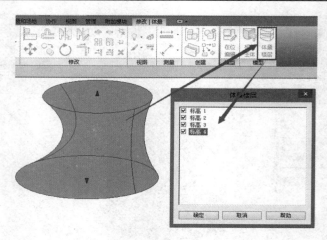

图 11-45　体量楼层对话框

（6）单击以选择体量楼层。

如果已清除"选择多个"选项，则立即会有一个楼板被放置在该体量楼层上。

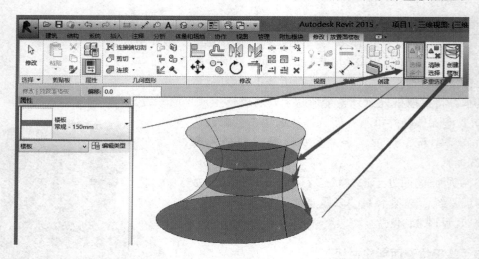

图 11-46　创建楼板

（7）如果已启用"选择多个"，请选择多个体量楼层。

① 单击未选中的体量楼层即可将其添加到选择中。单击已选中的体量楼层即可将其删除。

光标将指示是正在添加（＋）体量楼层还是正在删除（一）体量楼层。

② 要清除整个选择并重新开始，请单击"修改｜放置面楼板"选项卡➤"多重选择"面板🗁（清除选择）。

③ 选中需要的体量楼层后，单击"修改｜放置面楼板"选项卡➤"多重选择"面板🗁"创建楼板"，见图 11-46。

11.5.4　基于体量面创建屋顶

从体量面创建屋顶：

（1）打开显示体量的视图。

（2）单击"体量和场地"选项卡➤"面模型"面板 （面屋顶）。

（3）在类型选择器中，选择一种屋顶类型。

（4）如果需要，可以在选项栏上指定屋顶的标高。

（5）（可选）要从一个体量面创建屋顶，请单击"修改｜放置面屋顶"选项卡➤"多重选择"面板➤ （选择多个）以禁用它（默认情况下，处于启用状态。）。

（6）移动光标以高亮显示某个面。

（7）单击以选择该面。

如果已清除"选择多个"选项，则会立即将屋顶放置到面上。

提示：通过在"属性"选项板中修改屋顶的"已拾取的面的位置"属性，可以修改屋顶的拾取面位置（顶部或底部）。

（8）如果已启用"选择多个"，请按如下操作选择更多体量面：

① 单击未选择的面以将其添加到选择中。单击所选的面以将其删除。

光标将指示是正在添加（＋）面还是正在删除（－）面。

② 要清除选择并重新开始选择，请单击"修改｜放置面屋顶"选项卡➤"多重选择"面板➤ （清除选择）。

③ 选中所需的面以后，单击"修改｜放置面屋顶"选项卡➤"多重选择"面板➤"创建屋顶"，见图 11-47。

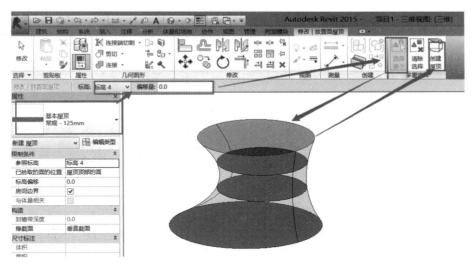

图 11-47　创建屋顶

第12章 族 基 础

12.1 族简介

Revit 中有 3 种类型的族：系统族、可载入族和内建族。

在项目中创建的大多数图元都是系统族或可装载的族。可以组合可装载的族来创建嵌套和共享族。非标准图元或自定义图元是使用内建族创建的。

1. 系统族

系统族可以创建要在建筑现场装配的基本图元。

例如：墙、屋顶、楼板、风管、管道。

能够影响项目环境且包含标高、轴网、图纸和视口类型的系统设置也是系统族。

系统族是在 Revit 中预定义的。用户不能将其从外部文件中载入到项目中，也不能将其保存到项目之外的位置。

2. 可载入族

可载入族是用于创建下列构件的族：

（1）安装在建筑内和建筑周围的建筑构件，例如窗、门、橱柜、装置、家具和植物。

（2）安装在建筑内和建筑周围的系统构件，例如锅炉、热水器、空气处理设备和卫浴装置。

（3）常规自定义的一些注释图元，例如符号和标题栏。

由于它们具有高度可自定义的特征，因此可载入的族是在 Revit 中最经常创建和修改的族。与系统族不同，可载入的族是在外部 RFA 文件中创建的，并可导入或载入到项目中。对于包含许多类型的可载入族，可以创建和使用类型目录，以便仅载入项目所需的类型。

3. 内建族

内建图元是需要创建当前项目专有的独特构件时所创建的独特图元。可以创建内建几何图形，以便它可参照其他项目几何图形，使其在所参照的几何图形发生变化时进行相应大小调整和其他调整。创建内建图元时，Revit 将为该内建图元创建一个族，该族包含单个族类型。

创建内建图元涉及许多与创建可载入族相同的族编辑器工具。

4. 族样板

创建族时，软件会提示选择一个与该族所要创建的图元类型相对应的族样板。

该样板相当于一个构建块，其中包含在开始创建族时以及 Revit 在项目中放置族时所需要的信息。

尽管大多数族样板都是根据其所要创建的图元族的类型进行命名，但也有一些样板在族名称之后包含下列描述符之一：

（1）基于墙的样板。

（2）基于天花板的样板。

（3）基于楼板的样板。

（4）基于屋顶的样板。

（5）基于线的样板。

（6）基于面。

基于墙的样板、基于天花板的样板、基于楼板的样板和基于屋顶的样板被称为基于主体的样板。对于基于主体的族而言，只有存在其主体类型的图元时，才能放置在项目中。

12.2　族创建

12.2.1　族文件的创建和编辑

使用族编辑器可以对现有族进行修改或创建新的族。

用于打开族编辑器的方法取决于要执行的操作。

可以使用族编辑器来创建和编辑可载入族以及内建图元。

选项卡和面板因所要编辑的族类型而异。不能使用族编辑器来编辑系统族。

1. 通过项目编辑现有族

（1）在绘图区域中选择一个族实例，并单击"修改｜＜图元＞"选项卡 ➤ "模式"面板 ➤ 🔩（编辑族）。

（2）双击绘图区域中的族实例。

注："双击选项"中的族图元类型设置确定双击编辑行为。请参见用户界面选项。

2. 在项目外部编辑可载入族

（1）单击 🅰 ➤ "打开" ➤ "族"。

（2）浏览到包含族的文件，然后单击"打开"。

3. 使用样板文件创建可载入族

（1）单击 🅰 ➤ "新建" ➤ "族"。

（2）浏览到样板文件，然后单击"打开"。

4. 创建内建族

（1）在功能区上，单击 🔩（内建模型）。

① "建筑"选项卡 ➤ "构建"面板 ➤ "构件"下拉列表 ➤ 🔩（内建模型）。

② "结构"选项卡 ➤ "模型"面板 ➤ "构件"下拉列表 ➤ 🔩（内建模型）。

③ "系统"选项卡 ➤ "模型"面板 ➤ "构件"下拉列表 ➤ 🔩（内建模型）。

（2）在"族类别和族参数"对话框中，选择相应的族类别，然后单击"确定"。

（3）输入内建图元族的名称，然后单击"确定"。

5. 编辑内建族

（1）在图形中选择内建族。

（2）单击"修改｜＜图元＞"选项卡 ➤ "模型"面板 ➤ 🔩（编辑内建图元）。

12.2.2　创建族形体的基本方法

创建族形体的方法同体量的创建方法一样，包含拉伸、融合、放样、旋转及放样融合五种基本方法，可以创建实心和空心形状，见图 12-1。

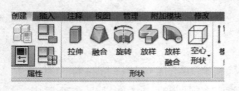

图 12-1　创建选项卡

1. 拉伸

基本步骤：

（1）在组编辑器界面，"创建"选项卡➤"形状"面板➤拉伸。

（2）在"绘制"面板➤选择一种绘制方式➤在绘图区域绘制想要创建的拉伸轮廓。

（3）在属性面板里设置好拉伸的起点和终点。

（4）在模式面板点击完成编辑模式➤完成拉伸创建，见图 12-2。

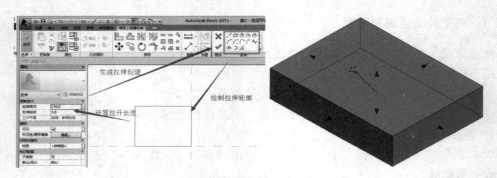

图 12-2　拉伸创建族形体

2. 融合

基本步骤：

（1）在组编辑器界面，"创建"选项卡➤"形状"面板➤融合。

（2）在"绘制"面板➤选择一种绘制方式➤在绘图区域绘制想要创建的融合底部轮廓，见图 12-3。

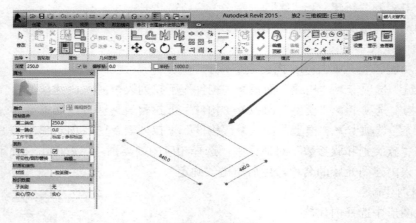

图 12-3　绘制轮廓

（3）绘制完底部轮廓后，在"模式"面板选择"编辑顶部"，进行融合顶部轮廓的创建，见图 12-4。

图 12-4　编辑顶部

（4）在属性面板里设置好融合的端点高度。

（5）在模式面板点击完成编辑模式▶完成融合的创建，见图 12-5。

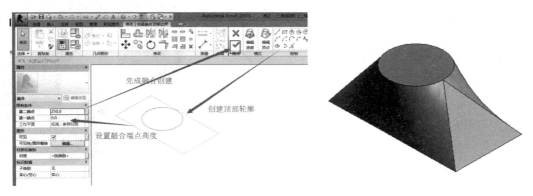

图 12-5　完成创建

3. 旋转

基本步骤：

（1）在组编辑器界面，"创建"选项卡▶"形状"面板▶旋转。

（2）在"绘制"面板▶选择"轴线"▶选择"直线"绘制方式▶在绘图区域绘制旋转轴线，见图 12-6。

（3）在"绘制"面板▶选择"边界线"▶选择一种绘制方式▶在绘图区域绘制旋转轮廓的边界线。

（4）在属性栏设置旋转的起始和结束角度。

（5）在模式面板点击完成编辑模式▶完成旋转的创建，见图 12-7。

4. 放样

基本步骤：

（1）在组编辑器界面，"创建"选项卡▶"形状"面板▶放样。

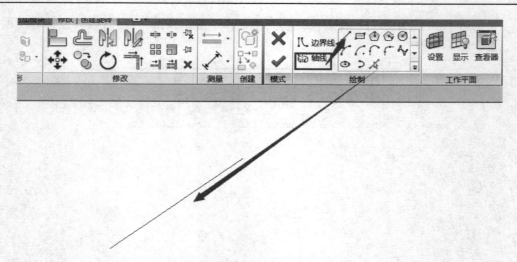

图 12-6　绘制轴线

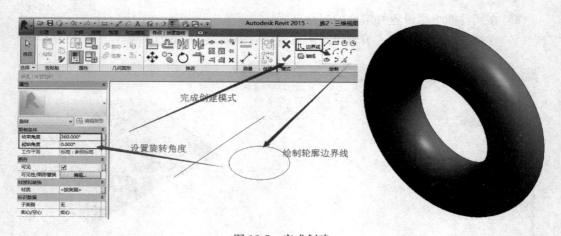

图 12-7　完成创建

（2）在"放样"面板➤选择"绘制路径"或"拾取路径"。

① 若采用绘制路径➤"绘制"面板选择相应的绘制方式➤在绘图区域绘放样的路径线➤完成路径绘制草图模式。

② 若采用拾取路径➤拾取导入的线、图元轮廓线或绘制的模型线➤完成路径绘制草图模式，见图 12-8。

（3）在"放样"面板➤选择编辑轮廓➤进入轮廓编辑草图模式，见图 12-9。

（4）"绘制"面板选择相应的绘制方式➤选择一种绘制方式➤在绘图区域绘制旋转轮廓的边界线➤完成轮廓编辑草图模式。

注意：绘制轮廓是所在的视图可以是三维视图，或者打开查看器进行轮廓绘制，见图 12-10。

（5）在模式面板点击完成编辑模式➤完成放样的创建，见图 12-11。

5. 放样融合

基本步骤：

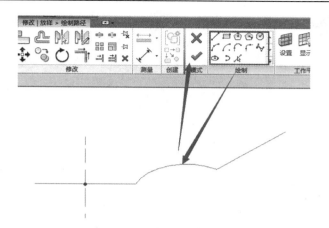

图 12-8　绘制路径

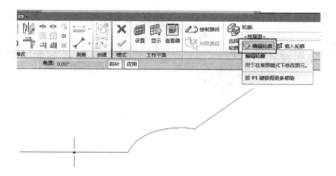

图 12-9　编辑轮廓

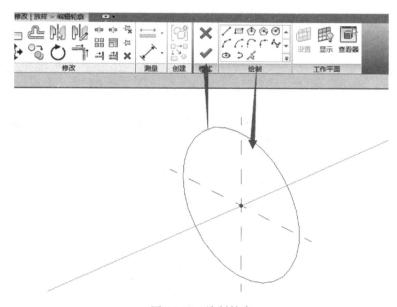

图 12-10　绘制轮廓

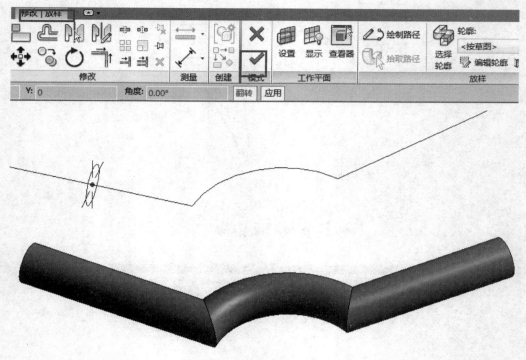

图 12-11 完成创建

（1）在组编辑器界面，"创建"选项卡➤"形状"面板➤放样融合。

（2）在"放样融合"面板➤选择"绘制路径"或"拾取路径"。

① 若采用绘制路径➤"绘制"面板选择相应的绘制方式➤在绘图区域绘放样的路径线➤完成路径绘制草图模式。

② 若采用拾取路径➤拾取导入的线、图元轮廓线或绘制的模型线➤完成路径绘制草图模式，见图 12-12。

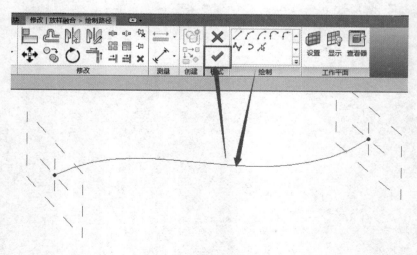

图 12-12 绘制路径

（3）在"放样融合"面板➤选择编辑轮廓➤进入轮廓编辑草图模式。

分别选择两个轮廓，进行轮廓编辑，见图 12-13。

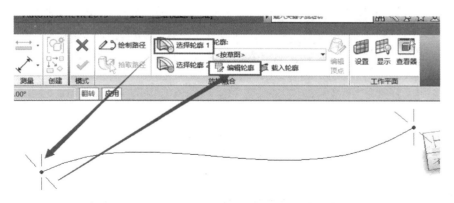

图 12-13　编辑轮廓

（4）"绘制"面板选择相应的绘制方式➤选择一种绘制方式➤在绘图区域绘制旋转轮廓的边界线➤完成轮廓编辑草图模式。

注意：绘制轮廓是所在的视图可以是三维视图，或者打开查看器进行轮廓绘制，见图 12-14。

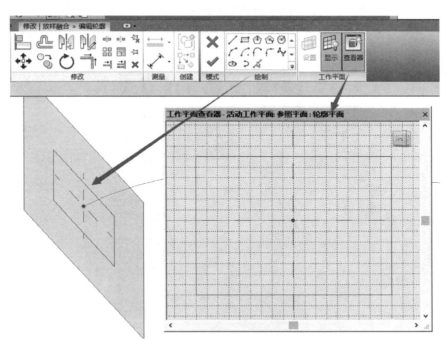

图 12-14　查看器

（5）重复步骤（4）完成轮廓 2 的创建。

（6）在模式面板点击完成编辑模式➤完成放样融合的创建，见图 12-15。

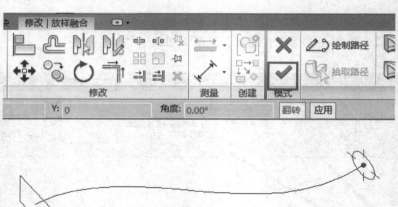

图 12-15　完成创建

6. 空心形状

空心形状的创建基本方法同实心形状的创建。空心形状用于剪切实心形状，得到想要的形体。空心形状的创建方法参考前面的实心形状的创建，见图 12-16。

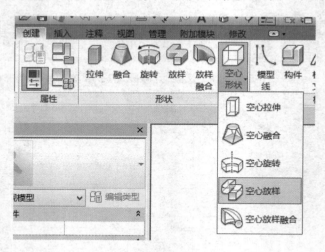

图 12-16　空心形状创建方式

12.3　族与项目的交互

12.3.1　系统族与项目

系统族已预定义且保存在样板和项目中，而不是从外部文件中载入到样板和项目中的。

可以复制并修改系统族中的类型，可以创建自定义系统族类型。

要载入系统族类型，可以执行下列操作：

（1）将一个或多个选定类型从一个项目或样板中复制并粘贴到另一个项目或样板中。

（2）将选定系统族或族的所有系统族类型从一个项目中传递到另一个项目中。

如果在项目或样板之间只有几个系统族类型需要载入，请复制并粘贴这些系统族类型。

基本步骤：选中要进行复制的系统族，在剪切板中进行复制和粘贴，见图 12-17。

图 12-17 剪贴板

如果要创建新的样板或项目，或者需要传递所有类型的系统族或族，请传递系统族类型。

基本步骤：在管理选项板中，选择传递项目标准，进行系统族在项目之间的传递，见图 12-18。

图 12-18 管理选项卡

12.3.2 可载入族与项目

与系统族不同，可载入族是在外部 RFA 文件中创建的，并可导入（载入）到项目中。

创建可载入族时，首先使用软件中提供的样板，该样板要包含所要创建的族的相关信息。先绘制族的几何图形，使用参数建立族构件之间的关系，创建其包含的变体或族类型，确定其在不同视图中的可见性和详细程度。完成族后，先在示例项目中对其进行测试，然后使用它在项目中创建图元。

Revit 中包含一个内容库，可以用来访问软件提供的可载入族，也可以在其中保存创建的族。

将可载入族载入项目的方法步骤：

（1）在插入选项板中，选择载入族，见图 12-19。

图 12-19　插入选项卡

（2）打开文件浏览，选择要载入的族文件，载入即可，见图 12-20。

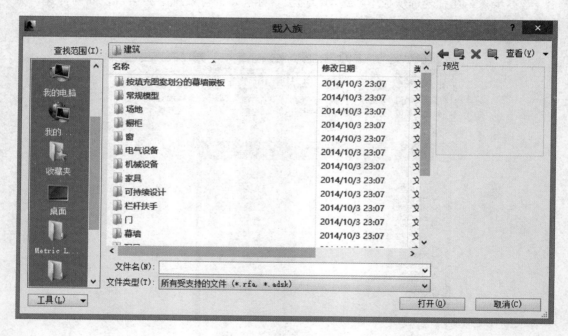

图 12-20　载入族对话框

修改项目中现有族的方法步骤：

（1）在项目中选中需要编辑修改的族，在上下文选项卡中选择"编辑族"，即可打开族编辑器进行族文件的修改编辑，见图 12-21。

（2）修改编辑完成族之后，执行族编辑器界面的"载入到项目中"，然后在项目文件中选择"覆盖现有版本及其参数值"或"覆盖现有版本"。完成族文件的更新，见图 12-22。

12.3.3　内建族与项目

如果项目需要不想重复使用的特殊几何图形，或需要必须与其他项目几何图形保持一

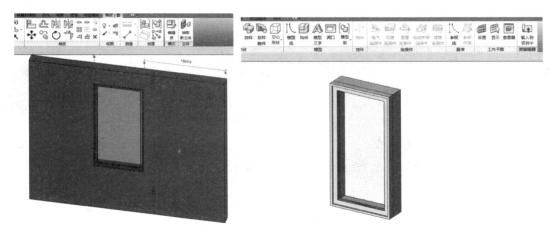

图 12-21　修改族

种或多种关系的几何图形，请创建内建图元。

可以在项目中创建多个内建图元，并且可以将同一内建图元的多个副本放置在项目中。但是，与系统族和可载入族不同，内建族不能通过复制内建族类型来创建多种类型。

尽管可以在项目之间传递或复制内建图元，但只有在必要时才应执行此操作，因为内建图元会增大文件大小并使软件性能降低。

图 12-22　更新族文件

创建内建图元与创建可载入族使用相同的族编辑器工具。

内建族的创建和编辑基本步骤：

（1）在"建筑""结构"或"系统"选项板，选择"构件"下拉菜单选择"内建模型"，选择需要创建的"族类别"，进入族编辑器界面，创建内建族模型，见图 12-23。

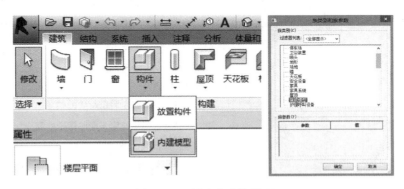

图 12-23　创建内建族模型

（2）在完成内建族创建后，在"在位编辑"选项卡执行"完成模型"即可完成内建族的创建，见图 12-24。

（3）若需要再次对已建好的内建族进行修改编辑，选中内建族，在上下文选项卡，执行"在位编辑"重新进入到"族编辑器界面"进行修改编辑族，编辑完成后，重复步骤（2）完成修改编辑，见图 12-25。

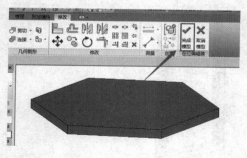

图 12-24　完成创建

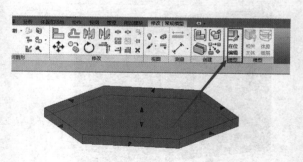

图 12-25　修改、编辑族

12.4　族参数的添加

12.4.1　族参数的种类和层次

族的"参数类型"，种类，见表 12-1。

族参数　　　　　　　　　　　　　　　　　　　　　　　　　　　　　　　　　　　表 12-1

名称	说明
文字	完全自定义。可用于收集唯一性的数据
整数	始终表示为整数的值
数目	用于收集各种数字数据。可通过公式定义。也可以是实数
长度	可用于设置图元或子构件的长度。可通过公式定义。这是默认的类型
区域	可用于设置图元或子构件的面积。可将公式用于此字段
体积	可用于设置图元或子构件的长度。可将公式用于此字段
角度	可用于设置图元或子构件的角度。可将公式用于此字段
坡度	可用于创建定义坡度的参数
货币	可以用于创建货币参数
URL	提供指向用户定义的 URL 的网络链接
材质	建立可在其中指定特定材质的参数
图像	建立可在其中指定特定光栅图像的参数
是/否	使用"是"或"否"定义参数，最常用于实例属性
族类型	用于嵌套构件，可在族载入到项目中后替换构件
分割的表面类型	建立可驱动分割表面构件（如面板和图案）的参数。可将公式用于此字段

族参数的层次：实例参数、类型参数。

通过添加新参数，就可以对包含于每个族实例或类型中的信息进行更多的控制。可以创建动态的族类型以增加模型中的灵活性。

12.4.2　族参数的添加

1. 族参数的创建

（1）族编辑器中，单击"创建"选项卡➤"属性"面板➤ 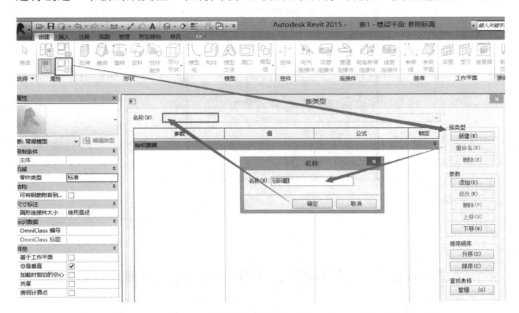（族类型）。

（2）在"族类型"对话框中，单击"新建"并输入新类型的名称，见图 12-26。

这将创建一个新的族类型，在将其载入到项目中后将出现在"类型选择器"中。

图 12-26　新建族类型

（3）在"参数"下单击"添加"。

（4）在"参数属性"对话框的"参数类型"下，选择"族参数"。

（5）输入参数的名称。选择"实例"或"类型"。这会定义参数是"实例"参数还是"类型"参数。

（6）选择规程。

（7）对于"参数类型"，选择适当的参数类型。

（8）对于"参数分组方式"，选择一个值。单击"确定"，见图 12-27。

在族载入到项目中后，此值确定参数在"属性"选项板中显示在哪一组标题下。

默认情况下，新参数会按字母顺序升序排列添加到参数列表中创建参数时的选定组。

（9）（可选）使用任一"排序顺序"按钮（"升序"或"降序"）根据参数名称在参数组内对其进行字母顺序排列。

（10）（可选）在"族类型"对话框中，选择一个参数并使用"上移"和"下移"按钮来手动更改组中参数的顺序，见图 12-28。

注：在编辑"钢筋形状"族参数时，"排序顺序"、"上移"和"下移"按钮不可用。

2. 指定族类别和族参数

"族类别和族参数"工具可以将预定义的族类别属性指定给要创建的构件。此工具只能用在族编辑器中。

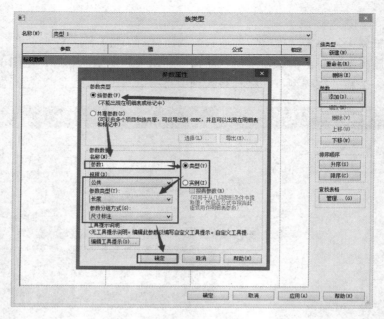

图 12-27　参数设定

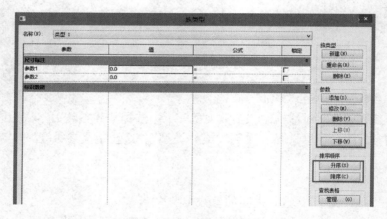

图 12-28　族类型对话框

族参数定义应用于该族中所有类型的行为或标识数据。不同的类别具有不同的族参数，具体取决于 Revit 希望以何种方式使用构件。控制族行为的一些常见族参数示例包括：

总是垂直：选中该选项时，该族总是显示为垂直，即 90°，即使该族位于倾斜的主体上，例如楼板。

基于工作平面：选中该选项时，族以活动工作平面为主体。可以使任一无主体的族成为基于工作平面的族。

共享：仅当族嵌套到另一族内并载入到项目中时才适用此参数。如果嵌套族是共享的，则可以从主体族独立选择、标记嵌套族和将其添加到明细表。如果嵌套族不共享，则主体族和嵌套族创建的构件作为一个单位。

标识数据参数包括 OmniClass 编号和 OmniClass 标题，它们都基于 OmniClass 表 23 产品分类。

指定族参数的步骤：

（1）在族编辑器中，单击"创建"选项卡（或"修改"选项卡）➤"属性"面板➤🖳（族类别和族参数）。

（2）从对话框中选择要将其属性导入到当前族中的族类别。

（3）指定族参数。

注：族参数选项根据族类别而有所不同。

（4）单击"确定"，见图 12-29。

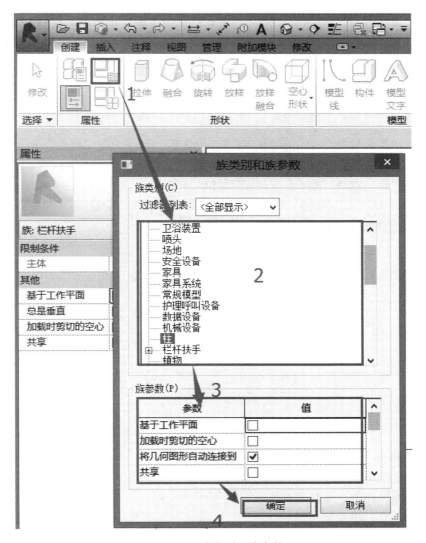

图 12-29　族类别和族参数

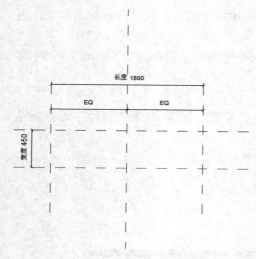

图 12-30　带标签的尺寸标注

3. 为尺寸标注添加标签以创建参数

对族框架进行尺寸标注后，需为尺寸标注添加标签，以创建参数。

例如，图 12-30 的尺寸标注已添加了长度和宽度参数的标签。

带标签的尺寸标注将成为族的可修改参数。可以使用族编辑器中的"族类型"对话框修改它们的值。在将族载入到项目中之后，可以在"属性"选项板上修改任何实例参数，或者打开"类型属性"对话框修改类型参数值。

如果族中存在该标注类型的参数，可以选择它作为标签。否则，必须创建该参数，以指定它是实例参数还是类型参数。

为尺寸标注添加标签并创建参数步骤，见图 12-31：

（1）在族编辑器中，选择尺寸标注。

（2）在选项栏上，选择一个参数或者选择"＜添加参数…＞"并创建一个参数作为"标签"。

请参见创建族参数部分的介绍。在创建参数之后，可以使用"属性"面板上的"族类型"工具来修改默认值，或指定一个公式（如需要）。

（3）如果需要，选择"引线"来创建尺寸标注的引线。

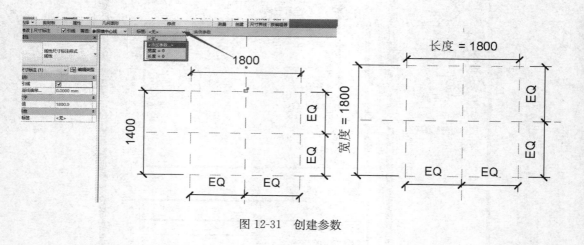

图 12-31　创建参数

4. 在族编辑器中使用公式

在族类型参数中使用公式来计算值和控制族几何图形。

（1）在族编辑器中，布局参照平面。

（2）根据需要，添加尺寸标注。

（3）为尺寸标注添加标签。请参见"为尺寸标注添加标签以创建参数"部分。

（4）添加几何图形，并将该几何图形锁定到参照平面。

（5）在"属性"面板上，单击 ▦（族类型）。

（6）在"族类型"对话框的相应参数旁的"公式"列中，输入参数的公式。

公式支持标准的算术运算和三角函数。

公式支持以下运算操作：加、减、乘、除、指数、对数和平方根。公式还支持以下三角函数运算：正弦、余弦、正切、反正弦、反余弦和反正切。

算术运算和三角函数的有效公式缩写为：

加：＋

减：-

乘：＊

除：/

指数：^，x^y，x 的 y 次方

对数：log

平方根：sqrt：sqrt（16）

正弦：sin

余弦：cos

正切：tan

反正弦：asin

反余弦：acos

反正切：atan

10 的 x 方：exp（x）

绝对值：abs

Pi—pi（3.141493…）

使用标准数学语法，可以在公式中输入整数值、小数值和分数值，如下例所示：

长度＝高度＋宽度＋sqrt（高度＊宽度）

长度＝墙 1（11000mm）＋墙 2（15000mm）

面积＝长度（500mm）＊宽度（300mm）

面积＝pi（）＊半径^2

体积＝长度（500mm）＊宽度（300mm）＊高度（800mm）

宽度＝100m＊cos（角度）

x＝2＊abs（a）＋abs（b/2）

阵列数＝长度/间距

12.5　族参数的驱动

添加完成族参数之后，直接修改参数的值，即可实现驱动修改参照平面的尺寸，见图 12-32。

将族形状轮廓与参照平面对齐锁定上，使形状轮廓随参照平面移动而移动，即可实现参数驱动参照平面位置变动，修改形状轮廓，见图 12-33。

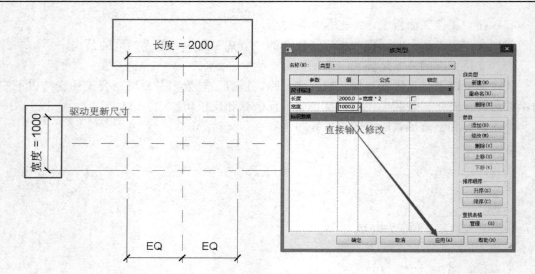

图 12-32 修改参数

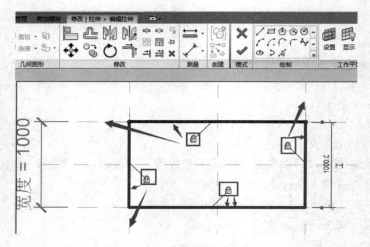

图 12-33 修改形状轮廓

第13章 场　　地

13.1　创建地形表面

13.1.1　放置点创建地形表面

1. 进入"场地"楼层平面，选择体量和场地选项卡下面的地形表面功能按钮，见图 13-1。

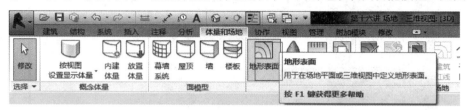

图 13-1　体量和场地选项卡

2. 选择放置点，然后设置高程，放置高程点，建筑物区域高程点统一高程为－300，周围高程点高程可随意设置，场地材质设为：场地-草地，见图 13-2。

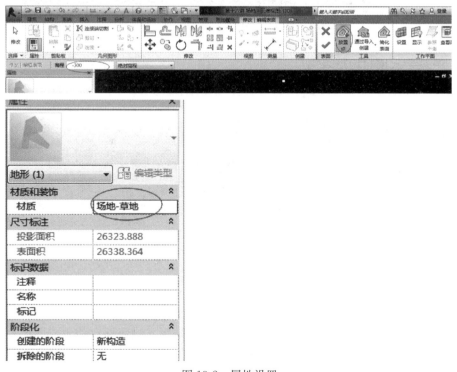

图 13-2　属性设置

设置等高线显示，在场地建模下拉箭头设置显示等高线，见图 13-3。

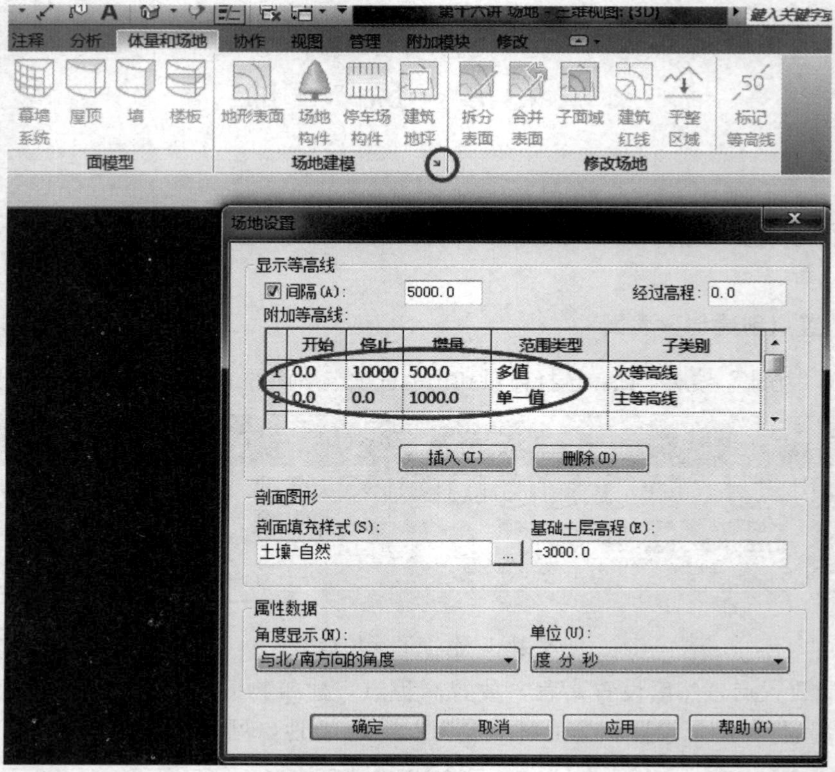

图 13-3　场地设置对话框

13.1.2　通过导入创建地形表面

如图 13-4 所示。

图 13-4　修改 | 编辑表面选项卡

1. 选择导入实例

可以根据以 DWG、DXF 或 DGN 格式导入的三维等高线数据自动生成地形表面。Revit 会分析数据并沿等高线放置一系列高程点。

此过程在三维视图中进行。

（1）导入 CAD 地形数据，见图 13-5。

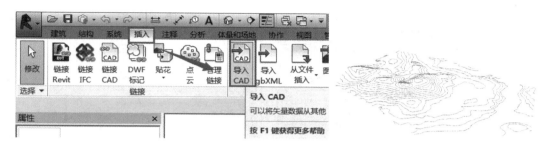

图 13-5　导入 CAD 地形数据

（2）选择体量和场地选项卡下面的地形表面功能按钮，在"修改 | 编辑表面"选项卡上，单击"工具"面板➤"通过导入创建"下拉列表➤🔲（选择导入实例）。

选择绘图区域中已导入的三维等高线数据。此时出现"从所选图层添加点"对话框，见图 13-6。

（3）选择要将高程点应用于到的图层，并单击"确定"。

图 13-6　从所选图层添加点对话框

2. 指定点文件

点文件通常由土木工程软件应用程序来生成的。使用高程点的规则网格，该文件提供等高线数据。点文件中必须包含 x、y 和 z 坐标值作为文件的第一个数值。该文件必须使用逗号分隔的文件格式（可以是 CSV 或 TXT 文件）。忽略该文件的其他信息（如点名称）。点的任何其他数值信息必须显示在 x、y 和 z 坐标值之后。如果该文件中有两个点的 x 和 y 坐标值分别相等，Revit 会使用 z 坐标值最大的点。

详细步骤：

（1）单击"修改 | 编辑表面"选项卡➤"工具"面板➤"通过导入创建"下拉列表➤🔲（指定点文件），见图 13-7。

（2）在"打开"对话框中，定位到点文件所在的位置，见图 13-8。

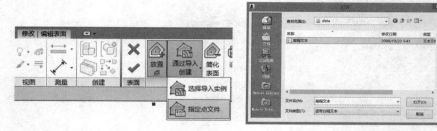

图 13-7　指定点文件　　　　　　　　　　图 13-8　打开对话框

（3）在"格式"对话框中，指定用于测量点文件中的点的单位（例如，十进制英尺或米），然后单击"确定"，见图 13-9。

Revit 将根据文件中的坐标信息生成点和地形表面，见图 13-10。

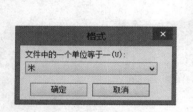

图 13-9　格式对话框　　　　　　　　　　图 13-10　生成地形表面

13.2　建筑地坪

通过在地形表面绘制闭合环添加建筑地坪。

（1）打开一个场地平面视图或三维视图。

（2）单击"体量和场地"选项卡➤"场地建模"面板➤▢（建筑地坪），见图 13-11。

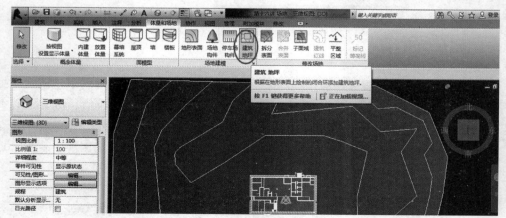

图 13-11　体量和场地选项卡

（3）使用绘制工具绘制闭合环形式的建筑地坪。

（4）在"属性"选项板中，根据需要设置"相对标高"和其他建筑地坪属性，见图 13-12。

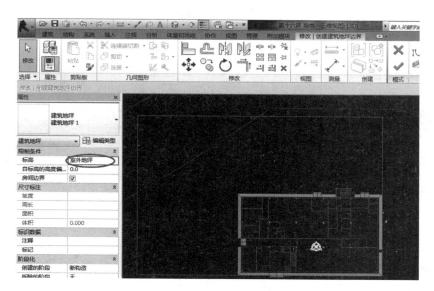

图 13-12　建筑地坪属性

（5）地坪创建完毕，需要进行修改，则选中地坪，编辑边界，见图 13-13。

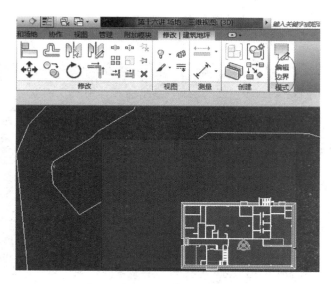

图 13-13　修改地坪

13.3　道路

地形表面子面域是在现有地形表面中绘制的区域。

　　例如，可以使用子面域在平整表面、道路或岛上绘制停车场。创建子面域不会生成单独的表面。它仅定义可应用不同属性集（例如材质）的表面区域。

　　创建子面域：

　　（1）打开一个显示地形表面的场地平面。

　　（2）单击"体量和场地"选项卡▶"修改场地"面板▶▣（子面域）。Revit 将进入草图模式，见图 13-14。

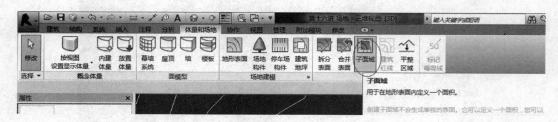

图 13-14　体量和场地选项卡

　　（3）单击 ✍（拾取线）或使用其他绘制工具在地形表面上创建一个子面域。绘制一条道路形状，材质设为：混凝土-素混凝土，见图 13-15。

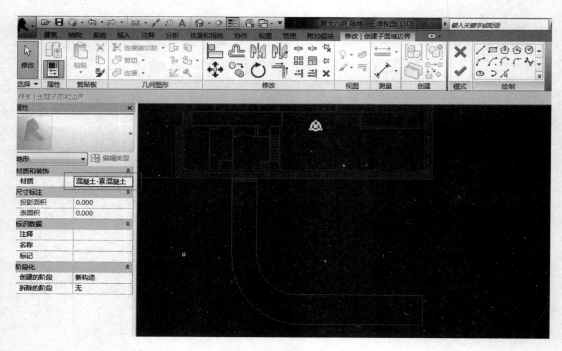

图 13-15　材质设置

　　注意：使用单个闭合环创建地形表面子面域。如果创建多个闭合环，则只有第一个环用于创建子面域；其余环将被忽略。

　　（4）进行子面域道路修改编辑，见图 13-16。

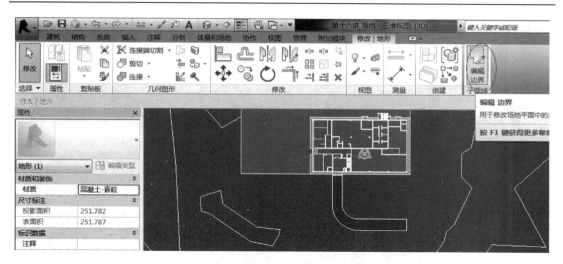

图 13-16 编辑边界

13.4 场地构件

13.4.1 放置场地构件

"场地"平面视图，选择体量与场地，选择场地构件，即可添加场地构件。

可在场地平面中放置场地专用构件（如树、电线杆和消防栓）。

如果未在项目中载入场地构件，则会出现一条消息，指出尚未载入相应的族。

（1）打开显示要修改的地形表面的视图。

（2）单击"体量和场地"选项卡➤"场地建模"面板➤（场地构件），见图 13-17。

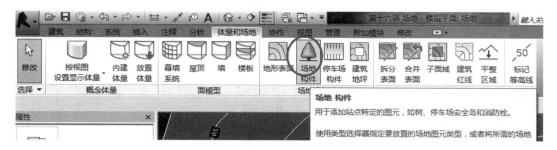

图 13-17 体量和场地选项卡

（3）从"类型选择器"中选择所需的构件。

（4）在绘图区域中单击以添加一个或多个构件，见图 13-18。

13.4.2 载入场地构件

在"插入"选项卡，选择"载入族"，见图 13-19。

载入场地构件，载入体育设施，篮球场，公园长椅等，见图 13-20。

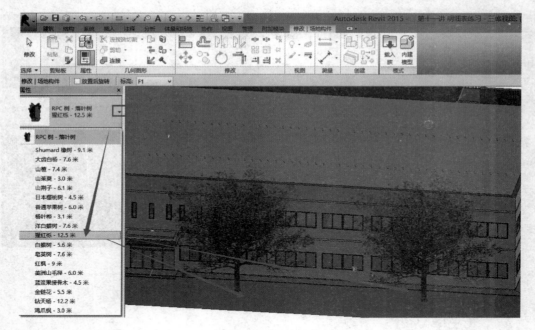

图 13-18　属性对话框

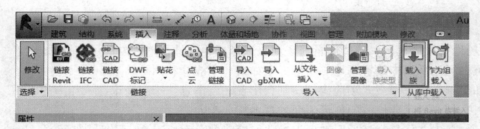

图 13-19　载入族

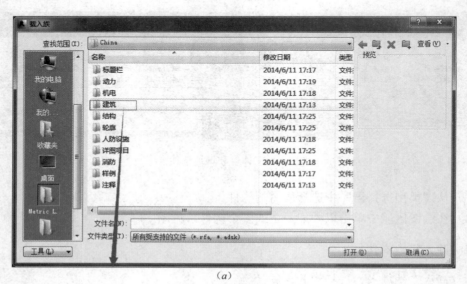

(a)

图 13-20　载入构件（一）

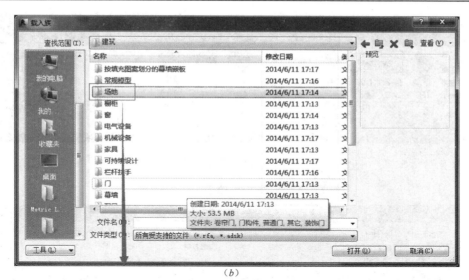

（b）

（c）

图 13-20　载入构件（二）

13.5　室内构件

载入室内构件方法如下：

在"插入"选项卡，选择"载入族"，见图 13-21。

载入餐桌家具族，见图 13-22。

选择建筑，构件，即可放置室内构件，见图 13-23。

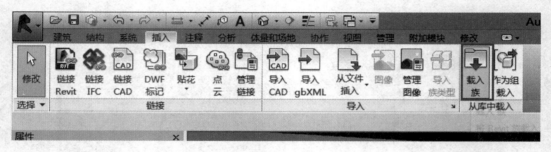

图 13-21　载入族

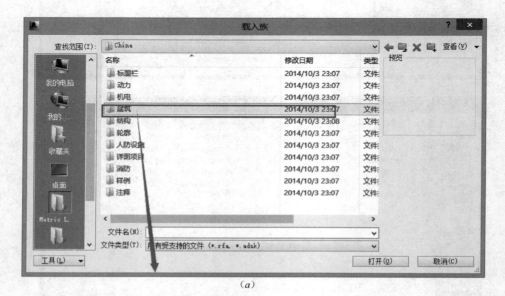

(a)

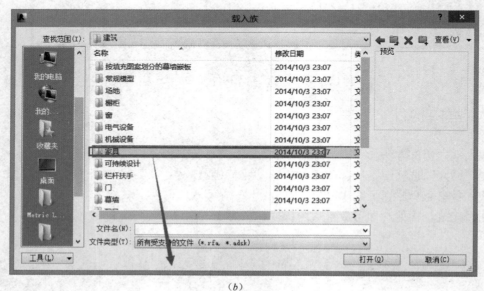

(b)

图 13-22　载入构件（一）

（c）

图 13-22　载入构件（二）

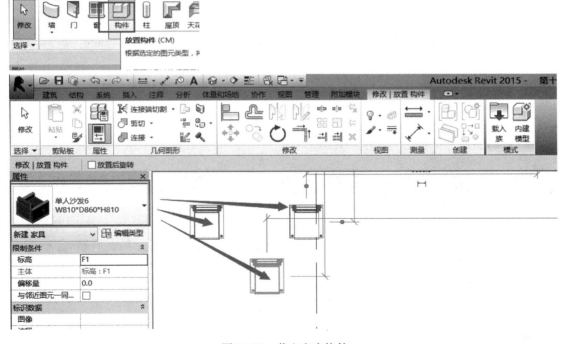

图 13-23　载入室内构件

第 14 章　房间和面积

房间是基于图元（例如，墙、楼板、屋顶和天花板）对建筑模型中的空间进行细分的部分。只可在平面视图中放置房间。

14.1　房间和房间标记

14.1.1　创建房间和房间标记

1. 打开平面视图。
2. 单击"建筑"选项卡➤"房间和面积"面板➤ （房间）。
3. 要随房间显示房间标记，请确保选中"在放置时进行标记"："修改｜放置房间"选项卡➤"标记"面板➤ （在放置时进行标记）。

要在放置房间时忽略房间标记，请关闭此选项，见图 14-1。

图 14-1　建筑选项卡

4. 在选项栏上执行下列操作，见图 14-2：

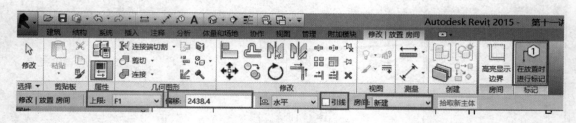

图 14-2　修改｜放置房间选项卡

"上限"，指定将从其测量房间上边界的标高。

例如，如果要向标高 1 楼层平面添加一个房间，并希望该房间从标高 1 扩展到标高 2 或标高 2 上方的某个点，则可将"上限"指定为"标高 2"。

"偏移"，房间上边界距该标高的距离。输入正值表示向"上限"标高上方偏移，输入负值表示向其下方偏移。指明所需的房间标记方向。

"引线"，要使房间标记带有引线，请选择。

"房间"，选择"新建"创建新房间，或者从列表中选择一个现有房间。

5. 要查看房间边界图元，请单击"修改｜放置房间"选项卡➤"房间"面板➤"高亮显示边界"。

6. 在绘图区域中单击以放置房间，见图 14-3。

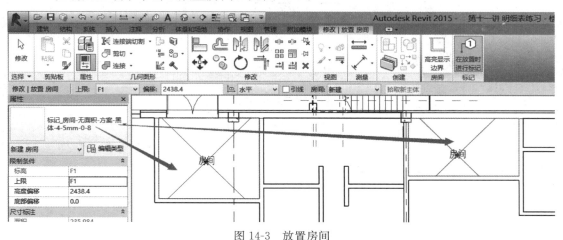

图 14-3　放置房间

注意 Revit 不会将房间置于宽度小于 1' 或 306mm 的空间中。

根据具体情况进行房间分割，见图 14-4。

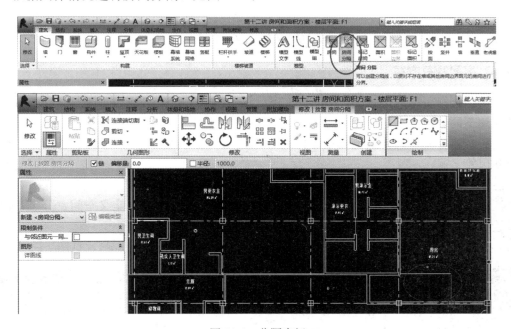

图 14-4　分隔房间

7. 修改命名该房间：选中房间在属性栏修改房间编号及名称，见图 14-5。

如果将房间放置在边界图元形成的范围之内，该房间会充满该范围。也可以将房间放置到自由空间或未完全闭合的空间，稍后在此房间的周围绘制房间边界图元。添加边界图元时，房间会充满边界。

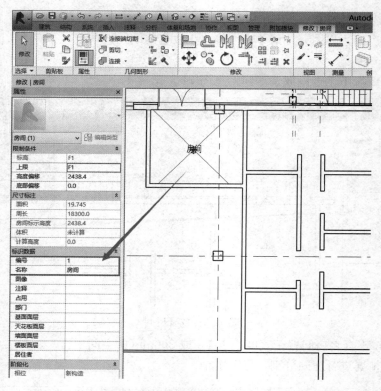

图 14-5　修改房间编号及名称

14.1.2　房间颜色方案

可以根据特定值或值范围，将颜色方案应用于楼层平面视图和剖面视图。可以向每个视图应用不同颜色方案。

使用颜色方案可以将颜色和填充样式应用到以下对象中：房间、面积、空间和分区、管道和风管。

注意：要使用颜色方案，必须先在项目中定义房间或面积。

注意：若要为 Revit MEP 图元使用颜色方案，还必须在项目中定义空间、分区、管道或风管。

①"建筑"选项卡➤"房间和面积"面板下拉列表➤ （颜色方案），见图 14-6。

图 14-6　建筑选项卡

② 方案类别选择房间，复制颜色方案 1 命名为"房间颜色按名称"，见图 14-7。

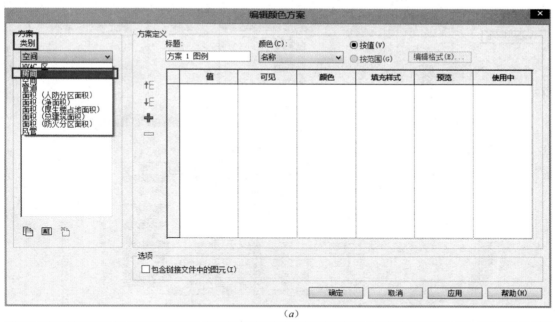

(*a*)

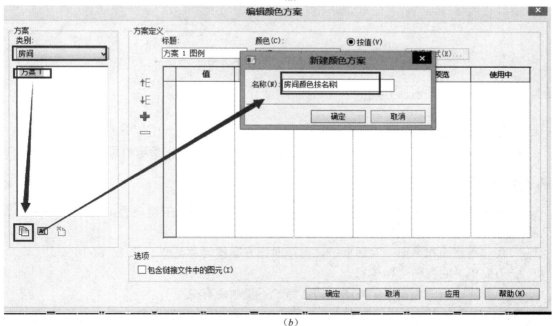

(*b*)

图 14-7　编辑颜色方案

③ 方案标题改为按名称，颜色选择名称，完成房间颜色方案编辑，应用确定，见图 14-8。

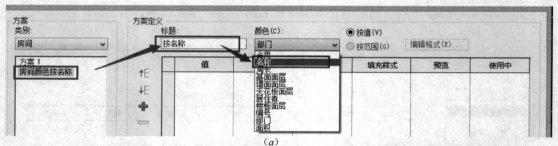

(a)

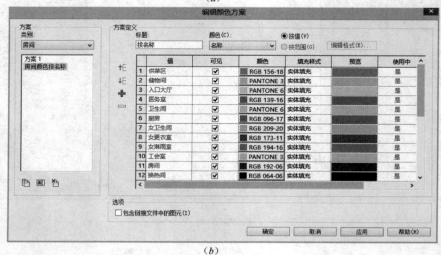

(b)

图 14-8　编辑房间颜色方案

14.2　面积和面积方案

面积是对建筑模型中的空间进行再分割形成的，其范围通常比各个房间范围大。

面积不一定以模型图元为边界。可以绘制面积边界，也可以拾取模型图元作为边界。

14.2.1　面积平面的创建

1. 单击"建筑"选项卡➤"房间和面积"面板➤"面积"下拉列表➤▆（面积平面），见图 14-9。

2. 在"新建面积平面"对话框中，选择面积方案作为"类型"，见图 14-10。

3. 为面积平面视图选择楼层。

4. 要创建唯一的面积平面视图，请选择"不复制现有视图"。

要创建现有面积平面视图的副本，可清除"不复制现有视图"复选框。

5. 单击"确定"。

14.2.2　面积边界

1. 定义面积边界

类似于房间分割，将视图分割成一个个面积区域，打开一个面积平面视图。

面积平面视图在"项目浏览器"中的"面积平面"下列出。请参见面积平面。

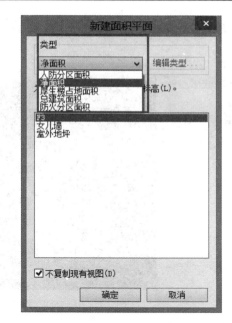

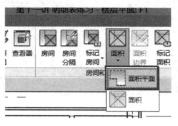

图 14-9　面积平面　　　　　图 14-10　新建面积平面对话框

（1）单击"建筑"选项卡➤"房间和面积"面板➤"面积"下拉列表➤▨（面积边界线），见图 14-11。

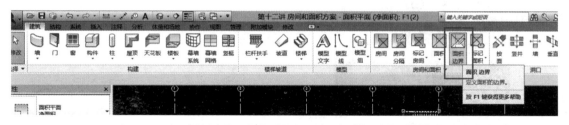

图 14-11　建筑选项卡

（2）绘制或拾取面积边界（使用"拾取线"来应用面积规则）。

2. 拾取面积边界

（1）单击"修改｜放置面积边界"选项卡➤"绘制"面板➤✎（拾取线）。

（2）如果不希望 Revit 应用面积规则，请在选项栏上清除"应用面积规则"，并指定偏移。

注意如果应用了面积规则，则面积标记的面积类型参数将会决定面积边界的位置。必须将面积标记放置在边界以内才能改变面积类型。

（3）选择边界的定义墙。

3. 绘制面积边界

（1）单击"修改｜放置面积边界"选项卡➤"绘制"面板，然后选择一个绘制工具。

（2）使用绘制工具完成边界的绘制，见图 14-12。

14.2.3　面积的创建

面积边界定义完成之后，进行面积的创建，面积的创建同房间的创建一样，见图 14-13。

145

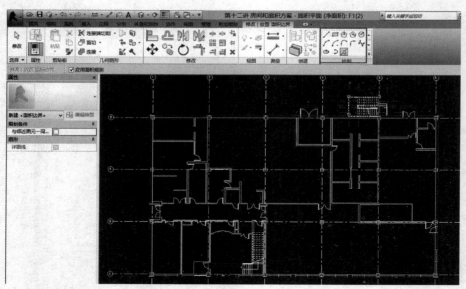

图 14-12　绘制面积边界

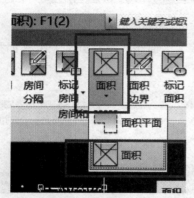

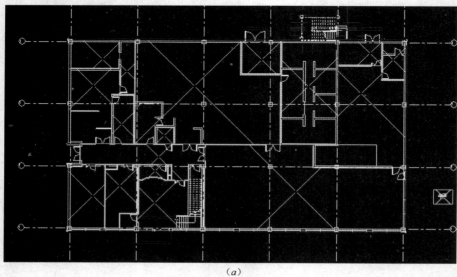

(a)

图 14-13　面积的创建（一）

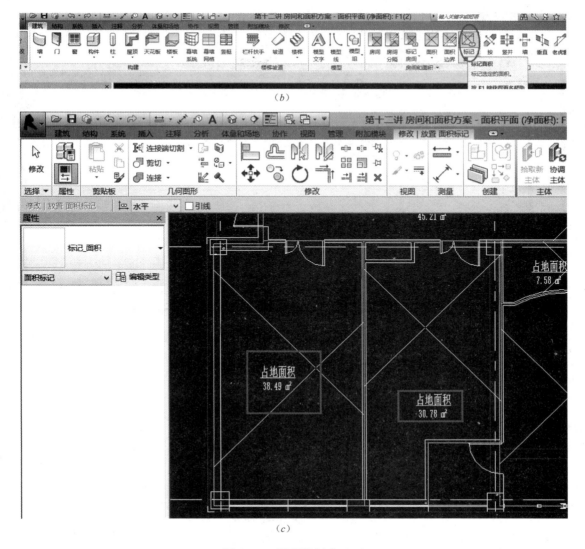

(c)

图 14-13　面积的创建（二）

14.2.4　创建面积颜色方案

方法同房间颜色方案，方案类型选择面积（净面积），见图 14-14。

14.3　在视图中进行颜色方案的放置

14.3.1　放置房间颜色方案

① 转到平面视图，在注释里选择颜色填充图例，在视图空白区域放置图例，见图 14-15。

② 放置好的图例是没有定义颜色方案的，选中图例，上下文选项卡出现"编辑方案"按钮，见图 14-16。

147

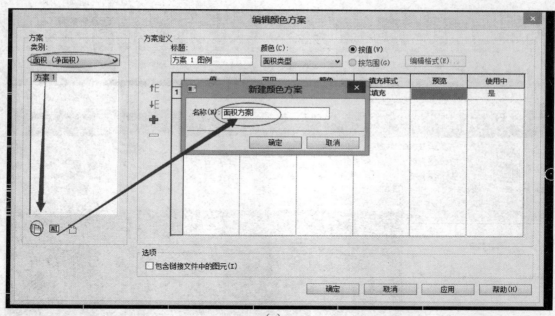

（a）

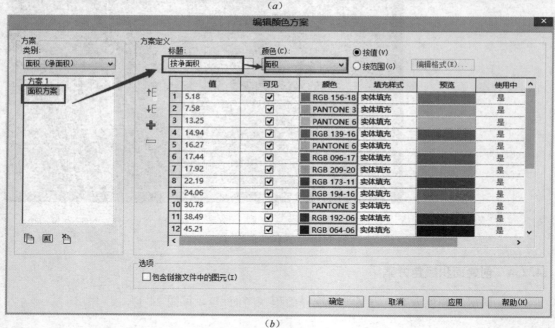

（b）

图 14-14 创建面积颜色方案

③ 弹出对话框，选择事先编辑好的颜色方案，应用，确定，完成房间颜色方案，见图 14-17。

14.3.2 放置面积颜色方案

转到面积平面视图"面积平面（净面积）F1"，在注释里选择颜色填充图例，在视图

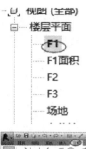

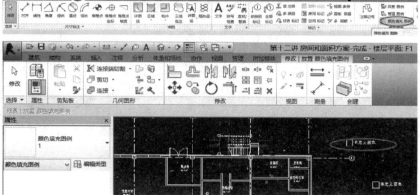

图 14-15　放置图例

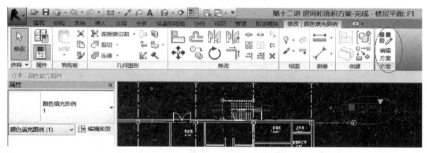

图 14-16　编辑方案

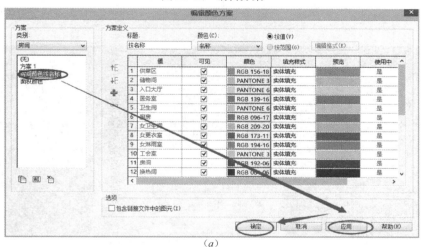

（a）

图 14-17　编辑颜色方案（一）

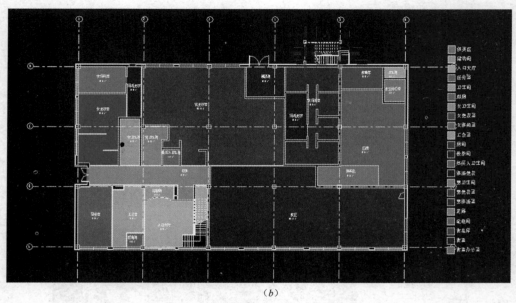

（b）

图 14-17　编辑颜色方案（二）

空白区域放置图例，与放置房间颜色方案图例不同，面积方案图例会直接弹出对话框，选择面积颜色方案，我们选择实现编辑好的面积颜色方案即可，见图 14-18。

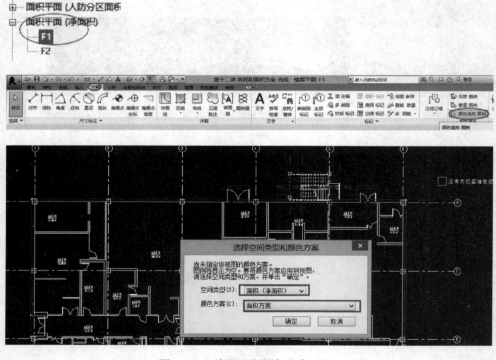

图 14-18　放置面积颜色方案（一）

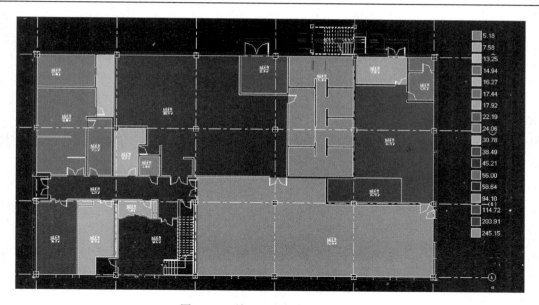

图 14-18　放置面积颜色方案（二）

第15章 明 细 表

创建明细表、数量和材质提取，以确定并分析在项目中使用的构件和材质。明细表是模型的另一种视图。

- "视图"选项卡➤"创建"面板➤"明细表"下拉列表➤
- ▦（明细表/数量）
- ▥（图形柱明细表）
- ▤（材质提取）
- ▥（图纸列表）
- ▦（注释块）
- ▥（视图列表）

明细表显示项目中任意类型图元的列表。明细表以表格形式显示信息，这些信息是从项目中的图元属性中提取的，可以将明细表导出到其他软件程序中，如电子表格程序。

修改项目时，所有明细表都会自动更新。例如，如果移动一面墙，则房间明细表中的面积也会相应更新。修改项目中建筑构件的属性时，相关的明细表会自动更新。

例如，可以在项目中选择一扇门并修改其制造商属性。门明细表将反应制造商属性的变化。

明细表类型：

（1）明细表（或数量）

（2）关键字明细表

（3）材质提取

（4）注释明细表（或注释块）

（5）修订明细表

（6）视图列表

（7）图纸列表

（8）配电盘明细表

（9）图形柱明细表

15.1 建筑构件明细表

将建筑图元构件列表添加到项目。

1. 单击"视图"选项卡➤"创建"面板➤"明细表"下拉列表➤▦"明细表/数量"，见图 15-1。

2. 在"新明细表"对话框的"类别"列表中选择一个构件。"名称"文本框中会显示默认名称，可以根据需要修改该名称，见图 15-2。

3. 选择"建筑构件明细表"。指定阶段。单击"确定"。

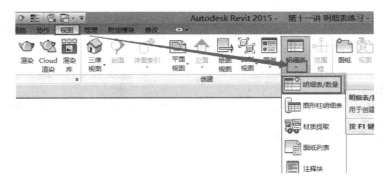

图 15-1　视图选项卡

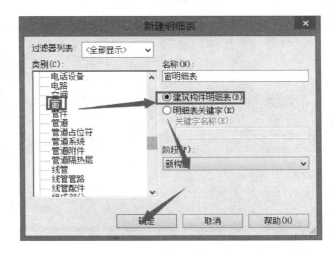

图 15-2　新建明细表对话框

4. 在"明细表属性"对话框中，指定明细表属性。

5. 单击"确定"。

15.2　明细表属性

15.2.1　明细表字段

提取建筑构件相关信息，见图 15-3。

15.2.2　明细表过滤器

过滤器提取建筑构件相关信息，见图 15-4。

15.2.3　明细表排序成组

在"明细表属性"对话框（或"材质提取属性"对话框）的"排序/成组"选项卡上，可以指定明细表中行的排序选项，见图 15-5。也可选择显示某个图元类型的每个实例，或将多个实例层叠在单行上。

在明细表中可以按任意字段进行排序，但"合计"除外。

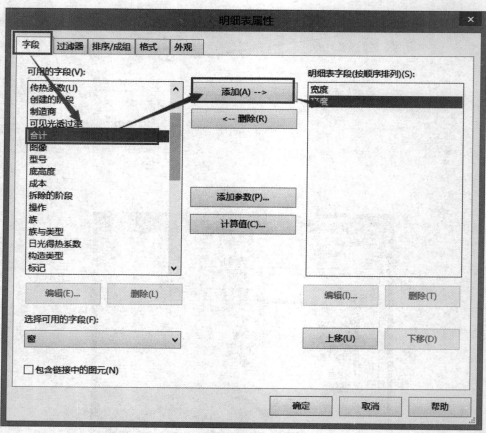

图 15-3　字段选项卡

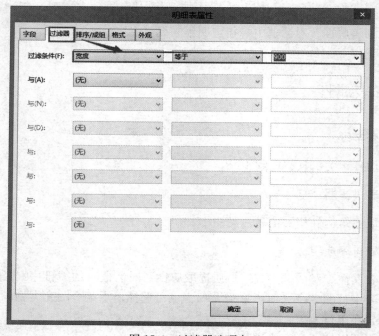

图 15-4　过滤器选项卡

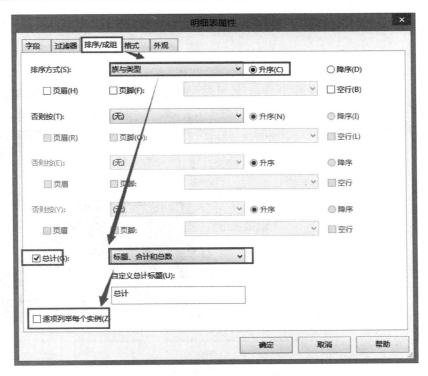

图 15-5　排序/成组选项卡

15.2.4　明细表外观

将页眉、页脚以及空行添加到排序后的行中，见图 15-6。

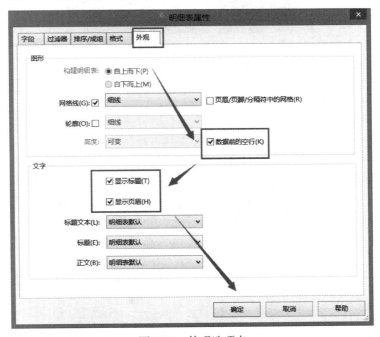

图 15-6　外观选项卡

15.2.5 明细表格式

条件格式的使用，见图 15-7。

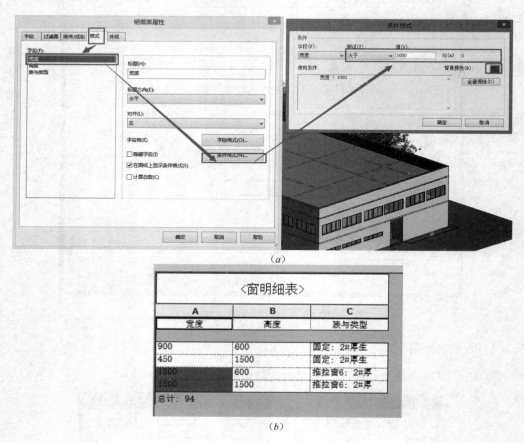

（a）

（b）

图 15-7 明细表

15.3 材质提取明细表

添加提供详细信息（例如项目构件会使用何种材质）的明细表。

1. 单击"视图"选项卡▶"创建"面板▶"明细表"下拉列表▶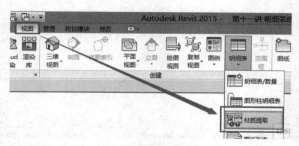"材质提取"，见图 15-8。

图 15-8 视图选项卡

2. 在"新建材质提取"对话框中，单击材质提取明细表的类别，然后单击"确定"，见图 15-9。

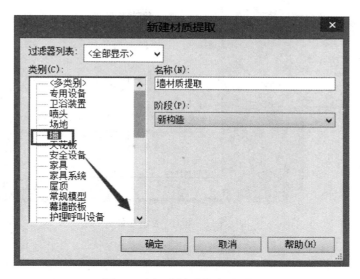

图 15-9　新建材质提取对话框

3. 在"材质提取属性"对话框中，为"可用字段"选择材质特性，见图 15-10。

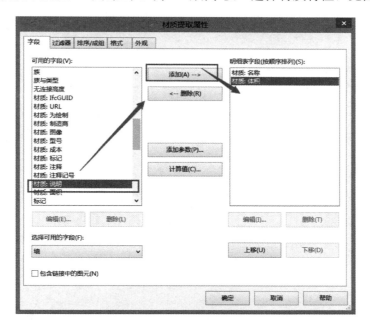

图 15-10　材质提取属性对话框

4. 可以选择对明细表进行排序、成组或格式操作，见图 15-11。

5. 单击"确定"以创建"材质提取明细表"。

此时显示"材质提取明细表"，并且该视图将在项目浏览器的"明细表/数量"类别下列出。

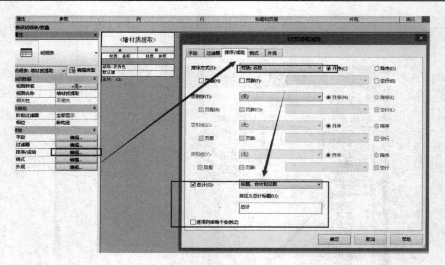

图 15-11　排序/成组功能

第 16 章　渲染和漫游

16.1　赋予材质渲染外观

进入三维视图，选择图元（墙体）设置材质，如图 16-1 所示。

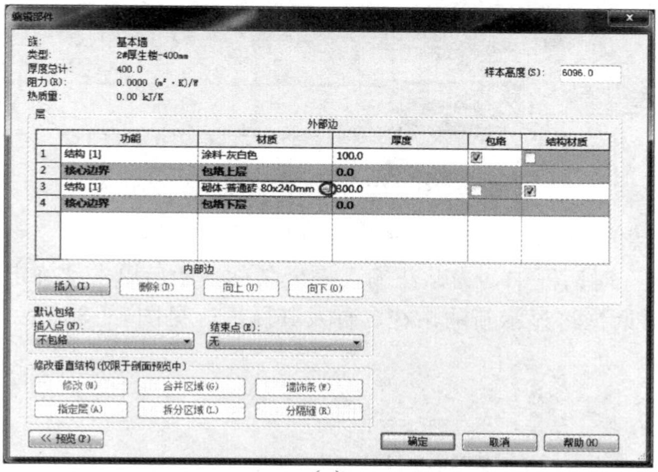

（a）

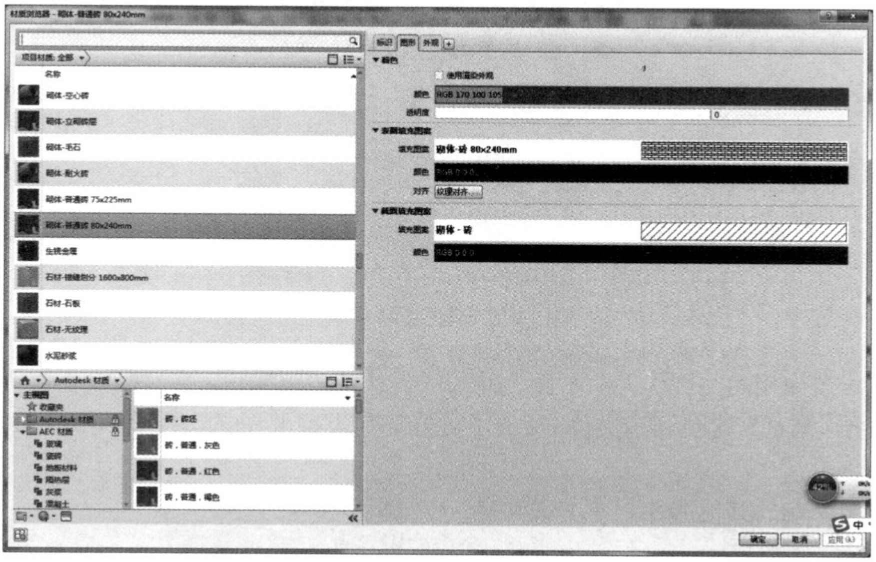

（b）

图 16-1　设置材质

16.2　贴花

贴花类型包含以下任一图像类型：BMP、JPG、JPEG 和 PNG。

16.2.1　创建贴花类型

1. 单击"插入"选项卡➤"链接"面板➤"贴花"下拉列表➤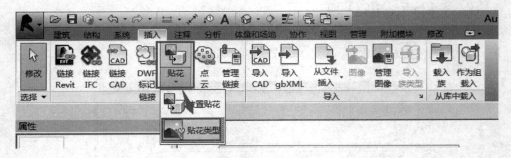（贴花类型），见图 16-2。

图 16-2　选择贴花类型

2. 在"贴花类型"对话框中，单击<kbd>▤</kbd>（创建新贴花）。
3. 在"新贴花"对话框中，为贴花输入一个名称，然后单击"确定"。

"贴花类型"对话框将显示新的贴花名称及其属性，见图 16-3。

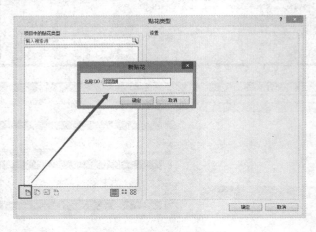

图 16-3　贴花类型对话框

4. 指定要使用的文件作为"图像文件"。

单击<kbd>…</kbd>（浏览）定位到该文件。Revit 支持下列类型的图像文件：BMP、JPG、JPEG 和 PNG。

5. 指定贴花的其他属性。单击"确定"，见图 16-4。

16.2.2　放置贴花

二维视图或三维正交视图中放置贴花。

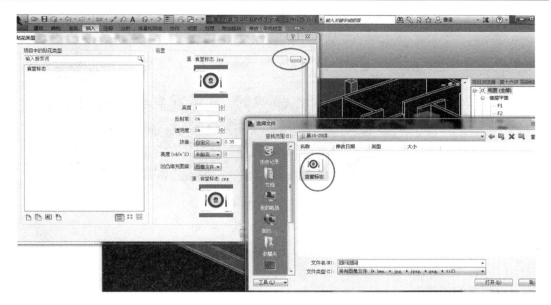

图 16-4 贴花属性设置

1. 在 Revit 项目中，打开二维视图和三维正交视图。

该视图必须包含一个可以在其上放置贴花的平面或圆柱形表面。用户无法将贴花放置在三维透视视图中。

2. 单击"插入"选项卡➤"链接"面板➤"贴花"下拉列表➤ 🐻（放置贴花），见图 16-5。

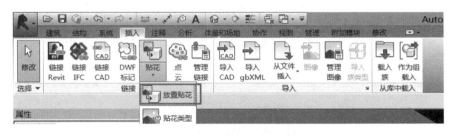

图 16-5 放置贴花

3. 在"类型选择器"中，选择要放置到视图中的贴花类型。

4. 如果要修改贴花的物理尺寸，请在选项栏中，输入"宽度"和"高度"值。要保持这些尺寸标注间的长宽比，请选择"固定宽高比"。

5. 在绘图区域中，单击要在其上放置贴花的水平表面（如墙面或屋顶面）或圆柱形表面。

贴图在所有未渲染的视图中显示为一个占位符，如图 16-6 所示。将光标移动到该贴图或选中该贴图时，它显示为矩形横截面。详细的贴花图像仅在已渲染图像中可见。

6. 放置贴花之后，可以继续放置更多相同类型的贴花。要放置不同的贴花，请在"类型选择器"中选择所需的贴花，然后在建筑模型上单击所需的位置。

7. 要退出"贴花"工具，请按 Esc 键两次。

图 16-6　修改｜贴花选项卡

16.3　相机

16.3.1　相机的创建

1. 打开一个平面视图、剖面视图或立面视图。
2. 单击"视图"选项卡▶"创建"面板▶"三维视图"下拉列表▶"相机"，见图 16-7。

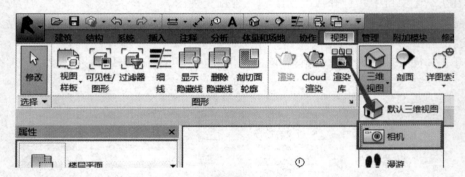

图 16-7　视图选项卡

3. 在绘图区域中单击以放置相机。将光标拖曳到所需目标然后单击即可放置，见图 16-8。

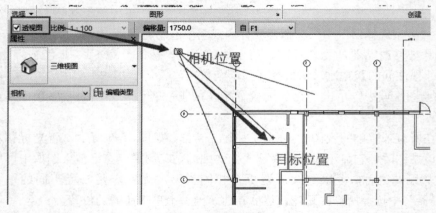

图 16-8　放置相机

注意：如果清除选项栏上的"透视图"选项，则创建的视图会是正交三维视图，不是透视视图。

16.3.2　修改相机设置

选中相机，在"属性"栏里修改"视点高度"和"目标高度"以及"远剪裁偏移"。也可在绘图区域拖拽视点和目标点的水平位置，见图 16-9。

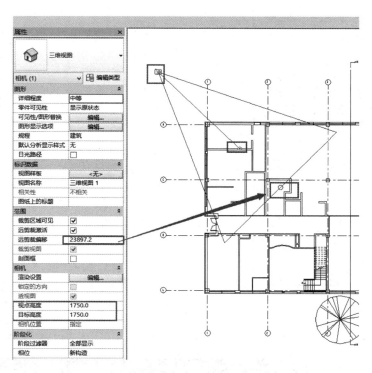

图 16-9　修改相机设置

16.4　渲染

基本步骤：

1. 创建建筑模型的三维视图。
2. 指定材质的渲染外观，并将材质应用到模型图元。
3. （可选）将以下内容添加到建筑模型中：
- 植物
- 人物、汽车和其他环境
- 贴花
4. 定义渲染设置，见图 16-10。
5. 渲染图像，并保存，见图 16-11。

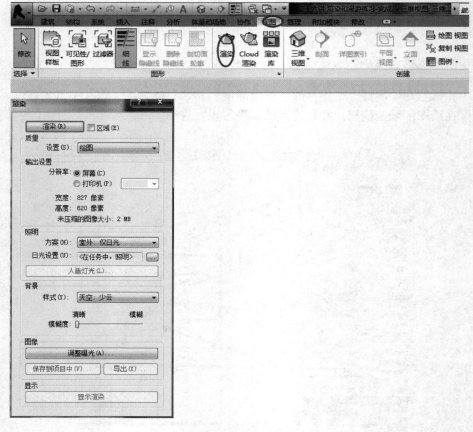

图 16-10 渲染对话框

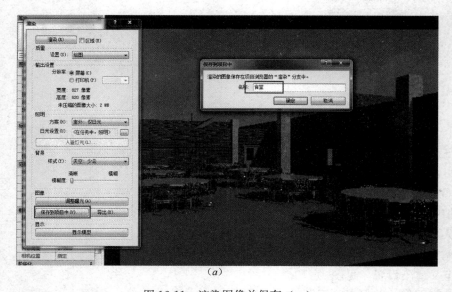

(a)

图 16-11 渲染图像并保存（一）

（b）

图 16-11　渲染图像并保存（二）

16.5　漫游

漫游是指沿着定义的路径移动的相机。此路径由帧和关键帧组成。

关键帧是指可在其中修改相机方向和位置的可修改帧。

默认情况下，漫游创建为一系列透视图，但也可以创建为正交三维视图。

16.5.1　创建漫游路径

1. 打开要放置漫游路径的视图。

注意：通常在平面视图创建漫游，也可以在其他视图（包括三维视图、立面视图及剖面视图）中创建漫游。

2. 单击"视图"选项卡➤"创建"面板➤"三维视图"下拉列表➤ 👣（漫游），见图 16-12。

如果需要，在"选项栏"上清除"透视图"选项，将漫游作为正交三维视图创建。

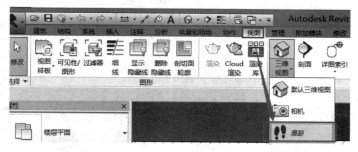

图 16-12　视图选项卡

3. 如果在平面视图中，通过设置相机距所选标高的偏移，可以修改相机的高度。在"偏移"文本框内输入高度，并从"自"菜单中选择标高。这样相机将显示为沿楼梯梯段上升，见图 16-13。

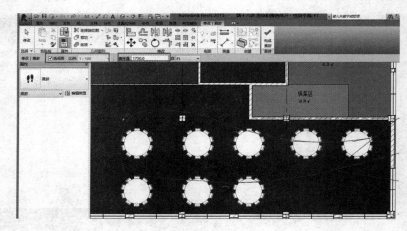

图 16-13　设置偏移量

4. 将光标放置在视图中并单击以放置关键帧。沿所需方向移动光标以绘制路径。

5. 要完成漫游路径，可以执行下列任一操作：

- 单击"完成漫游"。

- 双击结束路径创建。

- 按 Esc 键。

16.5.2　编辑漫游

1. 编辑漫游路径

（1）在项目浏览器中，在漫游视图名称上单击鼠标右键，然后选择"显示相机"。

（2）要移动整个漫游路径，请将该路径拖曳至所需的位置。也可以使用"移动"工具。

（3）若要编辑路径，请单击"修改 | 相机"选项卡 ➤ ⸬ "漫游"面板 ➤ ⸬ （编辑漫游），见图 16-14。

可以从下拉菜单中选择要在路径中编辑的控制点。控制点会影响相机的位置和方向。

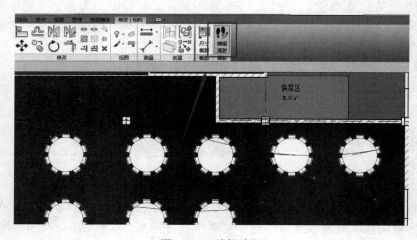

图 16-14　编辑路径

2. 将相机拖曳到新帧

（1）选择"活动相机"作为"控制"。

（2）沿路径将相机拖曳到所需的帧或关键帧。相机将捕捉关键帧。

（3）也可以在"帧"文本框中键入帧的编号。

（4）在相机处于活动状态且位于关键帧时，可以拖曳相机的目标点和远剪裁平面。如果相机不在关键帧处，则只能修改远剪裁平面。

3. 修改漫游路径

（1）选择"路径"作为"控制"。

关键帧变为路径上的控制点。

（2）将关键帧拖曳到所需位置，见图 16-15。

请注意，"帧"文本框中的值保持不变。

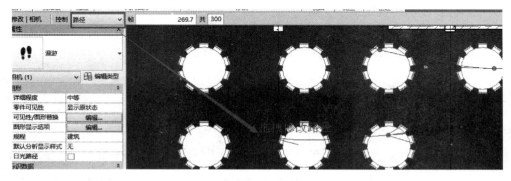

图 16-15　修改漫游路径

4. 添加关键帧

（1）选择"添加关键帧"作为"控制"。

（2）沿路径放置光标并单击以添加关键帧，见图 16-16。

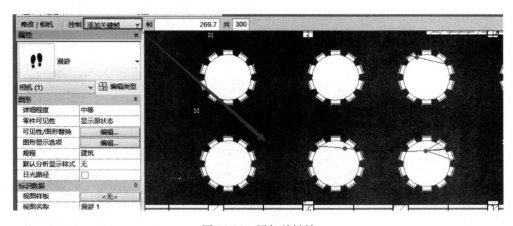

图 16-16　添加关键帧

5. 删除关键帧

（1）选择"删除关键帧"作为"控制"。

（2）将光标放置在路径上的现有关键帧上，并单击以删除此关键帧，见图 16-17。

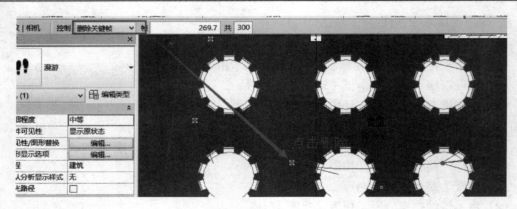

图 16-17　删除关键帧

6. 编辑时显示漫游视图

在编辑漫游路径过程中，可能需要查看实际视图的修改效果。若要打开漫游视图，请单击"修改│相机"选项卡➤"漫游"面板➤（打开漫游），见图 16-18。

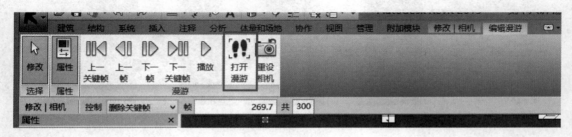

图 16-18　打开漫游

（1）打开漫游。单击"修改│相机"选项卡➤"漫游"面板➤（编辑漫游），见图 16-19。

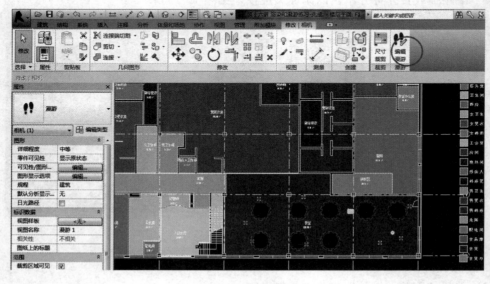

图 16-19　编辑漫游

（2）在选项栏上单击漫游帧编辑按钮 ▭300 。

"漫游帧"对话框中具有五个显示帧属性的列，见图 16-20：

"关键帧"列显示了漫游路径中关键帧的总数。单击某个关键帧编号，可显示该关键帧在漫游路径中显示的位置。相机图标将显示在选定关键帧的位置上。

"帧"列显示了显示关键帧的帧。

"加速器"列显示了数字控制，可用于修改特定关键帧处漫游播放的速度。

"速度"列显示了相机沿路径移动通过每个关键帧的速度。

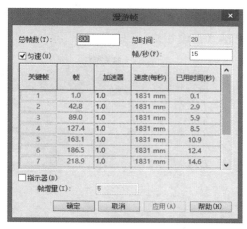

图 16-20 漫游帧对话框

"已用时间"显示了从第一个关键帧开始的已用时间。

（3）默认情况下，相机沿整个漫游路径的移动速度保持不变。通过增加或减少帧总数或者增加或减少每秒帧数，可以修改相机的移动速度。为两者中的任何一个输入所需的值。

（4）若要修改关键帧的快捷键值，可清除"匀速"复选框并在"加速器"列中为所需关键帧输入值。"加速器"有效值介于 0.1 和 10 之间。

（5）沿路径分布的相机：为了帮助理解沿漫游路径的帧分布，请选择"指示器"。输入增量值，将按照该增量值查看相机指示符，见图 16-21。

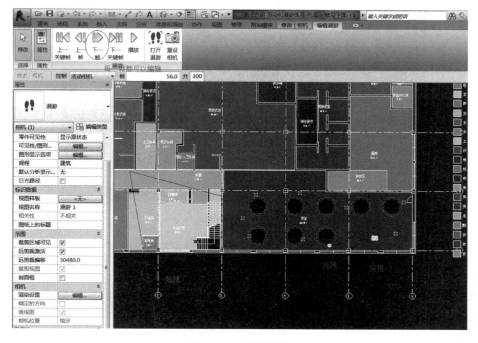

图 16-21 编辑漫游

（6）重设目标点：可以在关键帧上移动相机目标点的位置，例如，要创建相机环顾两

侧的效果。要将目标点重设回沿着该路径，请单击"修改 | 相机"选项卡➤"漫游"面板➤📷（重设相机），见图 16-22。

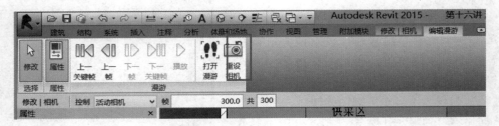

图 16-22　重设相机

16.5.3　导出漫游动画

可以将漫游导出为 AVI 或图像文件。

将漫游导出为图像文件时，漫游的每个帧都会保存为单个文件。

1. 单击 📕 ➤"导出"➤"图像和动画"➤"漫游"，见图 16-23。

将打开"长度/格式"对话框，见图 16-24。

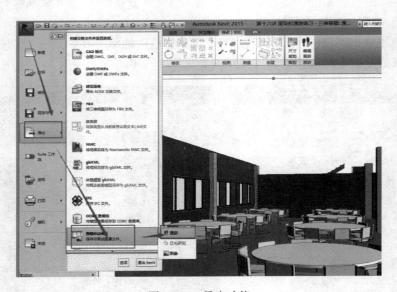

图 16-23　导出功能

2. 在"输出长度"下，请指定：

"全部帧"，将所有帧包括在输出文件中。

"帧范围"，仅导出特定范围内的帧。对于此选项，请在输入框内输入帧范围。

帧/秒，在改变每秒的帧数时，总时间会自动更新。

3. 在"格式"下，将"视觉样式"、"尺寸标注"和"缩放"设置为需要的值，见图 16-25。

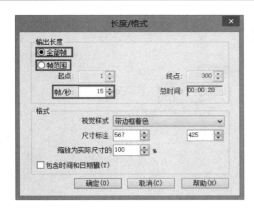

图 16-24　长度/格式对话框

图 16-25　"格式"设置

4. 单击"确定"。

5. 接受默认的输出文件名称和路径，或浏览至新位置并输入新名称。

6. 选择文件类型：AVI 或图像文件（JPEG、TIFF、BMP 或 PNG）。单击"保存"。

7. 在"视频压缩"对话框中，从已安装在计算机上的压缩程序列表中选择视频压缩程序，见图 16-26。

图 16-26　视频压缩对话框

8. 要停止记录 AVI 文件，请单击屏幕底部的进度指示器旁的"取消"，或按 Esc 键。

第17章 视图控制

17.1 创建视图

17.1.1 创建剖面视图

1. 打开一个平面、剖面、立面或详图视图。
2. 单击"视图"选项卡➤"创建"面板➤◆（剖面）见图 17-1。

图 17-1 创建剖面

3.（可选）在"类型选择器"中，从列表中选择视图类型，或者单击"编辑类型"以修改现有视图类型或创建新的视图类型。

4. 将光标放置在剖面的起点处，并拖曳光标穿过模型或族。

注：现在可以捕捉与非正交基准或墙平行或垂直的剖面线。可在平面视图中捕捉到墙。

5. 当到达剖面的终点时单击。

这时将出现剖面线和裁剪区域，并且已选中它们。

6. 如果需要，可通过拖曳蓝色控制柄来调整裁剪区域的大小。剖面视图的深度将相应地发生变化。

7. 单击"修改"或按 Esc 键以退出"剖面"工具。

8. 要打开剖面视图，请双击剖面标头或从项目浏览器的"剖面"组中选择剖面视图。当修改设计或移动剖面线时剖面视图将随之改变。

17.1.2 创建立面视图

见图 17-2。

17.1.3 创建详图

绘制食堂东南角立柱详图，见图 17-3。

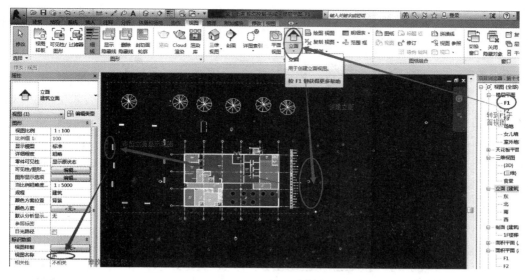

图 17-2　创建立面视图

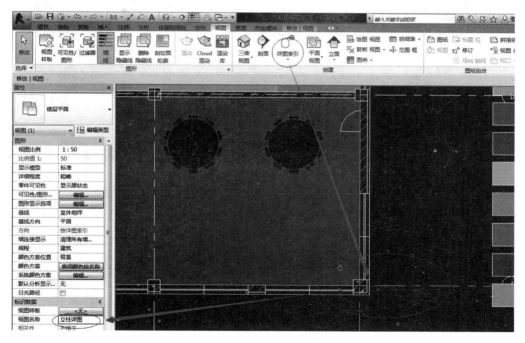

图 17-3　创建详图

17.2　使用视图样板

从当前视图创建试图样板（F1 平面视图），见图 17-4。

转到 F2 楼层平面视图应用样板，见图 17-5。

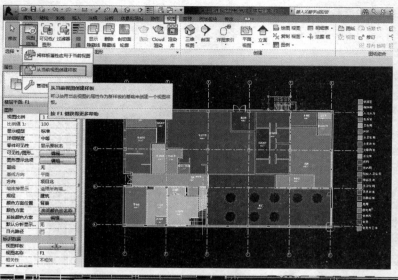

图 17-4　创建视图样板

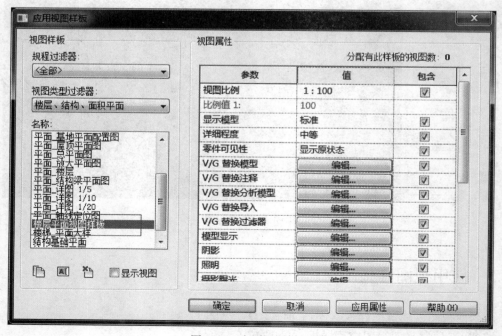

图 17-5　应用视图样板

其他视图设置，见图 17-6。

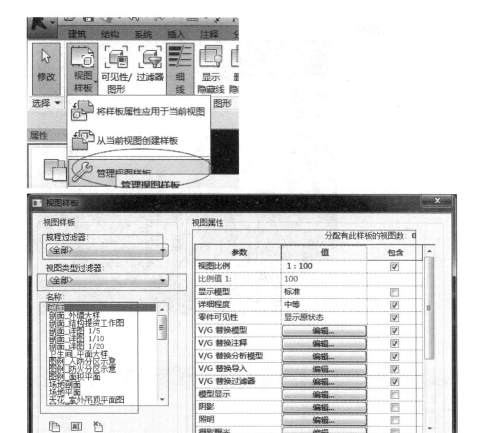

图 17-6　其他视图设置

17.3　视图显示属性

1. 显示范围，在 F2 楼层平面视图设置显示范围，见图 17-7。
2. 显示比例，修改 F2 平面视图的视图比例，见图 17-8。

17.4　控制视图图元显示

见图 17-9。

1. 模型图元，在 F1 平面视图，隐藏墙和房间，见图 17-10。
2. 注释图元，见图 17-11。
3. 导入的类别。

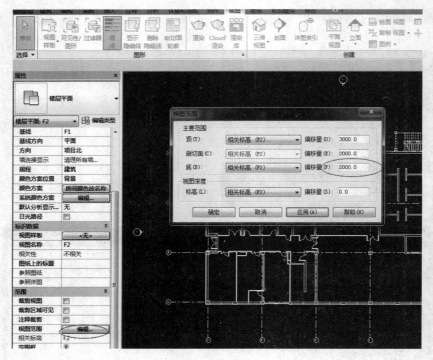

图 17-7　视图范围

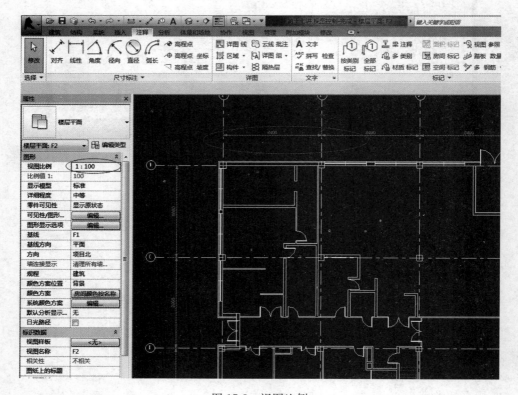

图 17-8　视图比例

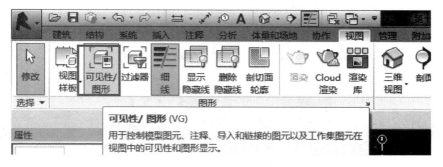

图 17-9　视图选项卡

图 17-10　隐藏墙和房间

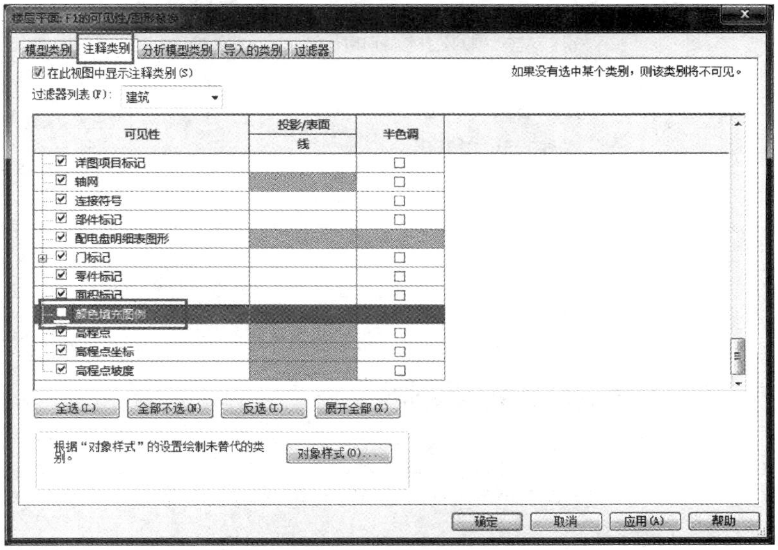

图 17-11　注释类别

17.5 视图过滤器

1. 创建视图过滤器，见图 17-12。

转到 F2 楼层平面

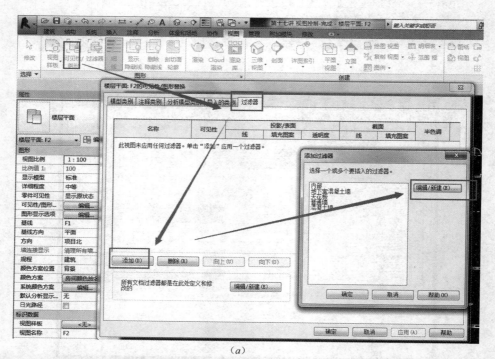

（a）

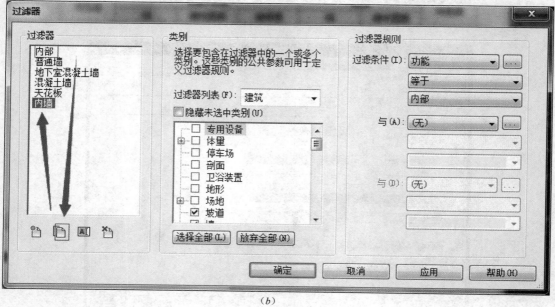

（b）

图 17-12 创建视图过滤器（一）

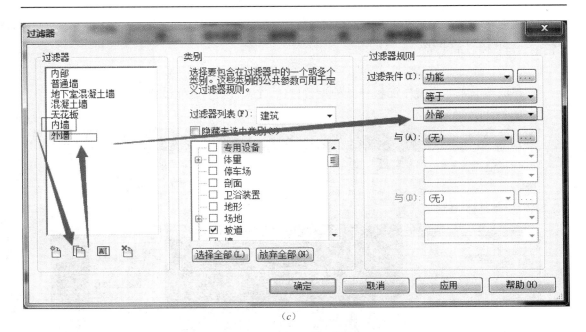

(c)

图 17-12　创建视图过滤器（二）

2. 使用视图过滤器，见图 17-13。

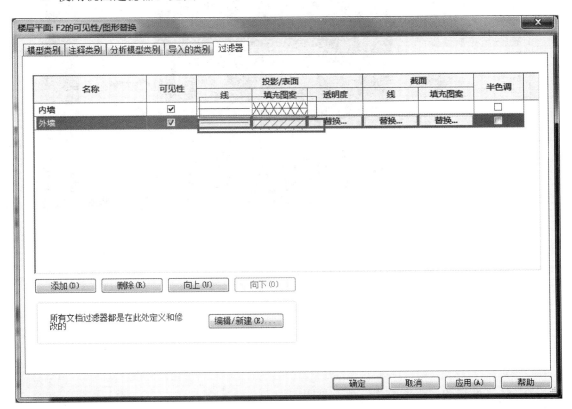

图 17-13　使用视图过滤器

17.6 线性与线宽

管理选项卡下"设置"面板→其他设置按钮/工具-设置-其他设置，见图 17-14。

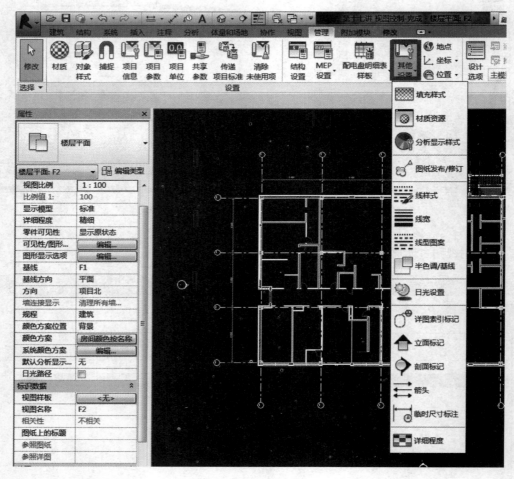

图 17-14 设置功能

线样式，将草图改为红色，见图 17-15。
在东立面选择墙，编辑轮廓，发现草图线变为红色。
设置轴线样式，在 F3 平面视图设置轴线样式。

17.7 对象样式设置

在 F3 平面视图，将墙改为红色，见图 17-16。

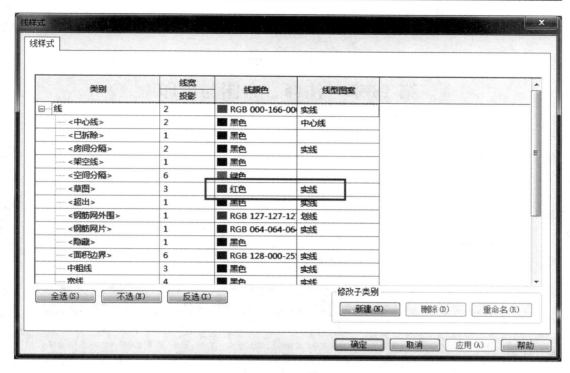

图 17-15　线样式对话框

图 17-16　对象样式设置

第18章 注释、布图与打印

18.1 注释

18.1.1 添加尺寸标注

1. 对齐标注

（1）选择注释选项卡下面的对齐功能按钮，见图 18-1。

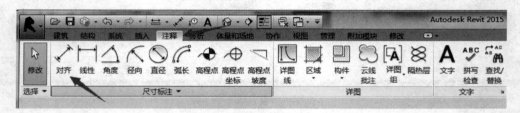

图 18-1 对齐功能

（2）选择"厚生楼标注尺寸"类型，然后进行轴网对齐标注，点击需要标注的轴线，从左向右依次点击即可，见图 18-2。

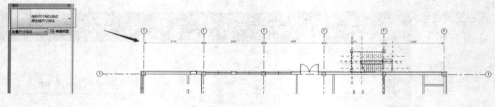

图 18-2 标注轴线

（3）选择下拉框选项"参照墙面"，再点击需要注释的墙，见图 18-3。

2. 线性标注

操作类似于对齐操作，选择对象时应配合 Tab 键。

3. 角度标注

选中角度标注命令后，点击需标注的边线即可，见图 18-4。

4. 半径标注

（1）选中径向命令，见图 18-5。

（2）选中实心箭头类别，再点击曲线，在空白处单击即可，见图 18-6。

5. 弧长标注

（1）选择弧长命令，见图 18-7。

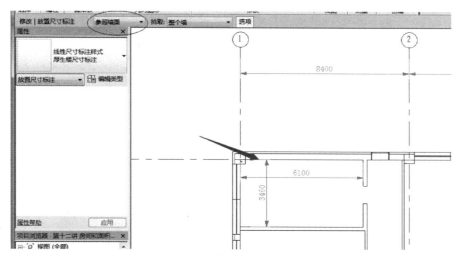

图 18-3 注释墙

图 18-4 角度标注

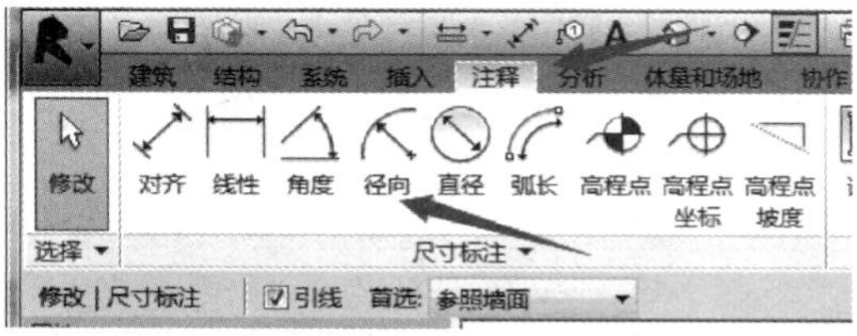

图 18-5 径向命令

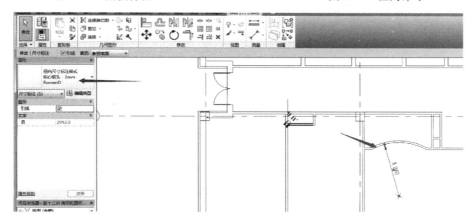

图 18-6 半径标注

图 18-7 弧长命令

（2）先点击中间的弧线，再点选两边直线，见图 18-8。

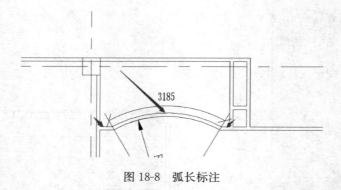

图 18-8　弧长标注

18.1.2　添加高程点和坡度

1. 添加高程点
见图 18-9。
2. 添加坡度
见图 18-10。

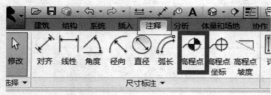

图 18-9　添加高程点

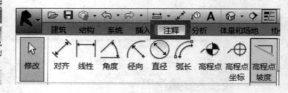

图 18-10　添加坡度

18.1.3　添加门窗标记

见图 18-11。

图 18-11　添加门窗标记

18.1.4　添加材质标记

见图 18-12。

184

图 18-12　材质标记

18.2　图纸布置

18.2.1　图纸创建

1. 创建图纸视图，指定标题栏

选择视图选项卡中的视图选项，在弹出的新建图纸对话框中选择标题栏，见图 18-13。

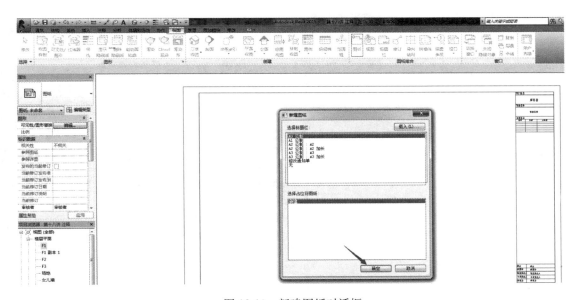

图 18-13　新建图纸对话框

2. 将指定的视图布置在图纸视图中

转到图纸视图，将 F1 楼层平面视图从项目浏览器中拖入视图，见图 18-14。

18.2.2　项目信息设置

选择管理选项卡中的项目信息选项，在弹出的项目信息实例参数对话框中输入有关参数，见图 18-15。

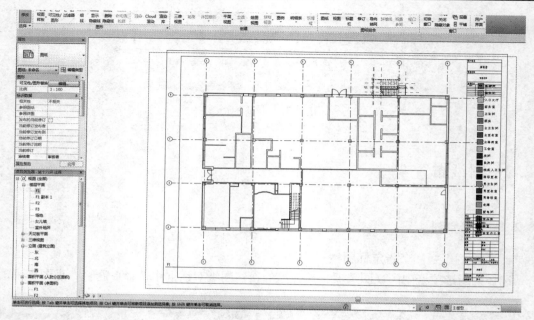

图 18-14　打开某视图

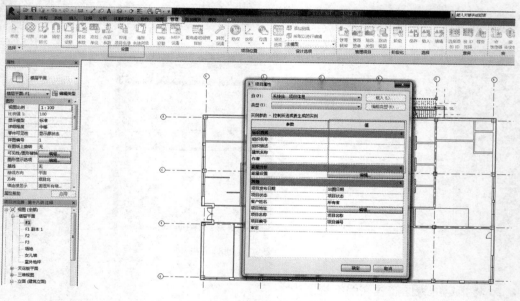

图 18-15　项目属性对话框

18.3　打印

18.3.1　打印范围

单击应用按钮选择打印，见图 18-16。

在弹出的打印对话框中，选择打印范围。勾选需要出图的图纸，点击确定，见图 18-17。

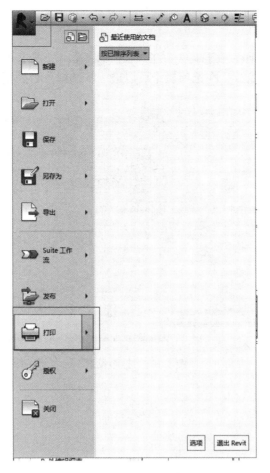

图 18-16　打印功能

图 18-17　打印对话框

18.3.2 打印设置

在应用列表中选择打印。在打印对话框中选择设置。按需求可调整纸张尺寸、打印方向、页面定位方式、打印缩放、在选项栏中可以进一步选择是否隐藏图纸边界，见图 18-18。

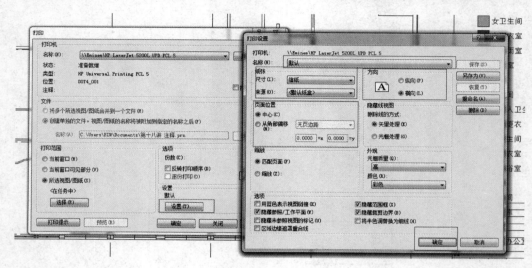

图 18-18 打印设置